高职高专工业机器人技术专业系列教材

工业机器人电气系统安装与调试

主 编 师 阳

副主编 丁锦宏

西安电子科技大学出版社

内 容 简 介

　　本书以 KUKA 工业机器人为主要对象，通过六个项目任务对工业机器人基本操作、控制系统硬件安装、工程环境创建与优化、日常保养等内容进行讲述，同时还介绍了控制系统硬件工作原理、现场总线协议以及 WorkVisual 软件的基本操作等机器人电气系统安装与调试的必要知识，让读者了解与掌握工业机器人电气安装和调试作业的具体流程及操作方法，从而使读者对 KUKA 机器人有一个全面的认识。

　　本书既适合作为高等职业教育工业机器人技术专业的教材和企业的培训用书，也可作为高职院校机电及相关专业各类学生的专业选修课教材，同时可供从事 KUKA 机器人操作与电气维护等工作的技术人员作为参考书。

图书在版编目(CIP)数据

　　工业机器人电气系统安装与调试 / 师阳主编. —西安：西安电子科技大学出版社，2020.5
　　ISBN 978-7-5606-5660-1

　　Ⅰ.① 工…　Ⅱ.① 师…　Ⅲ.① 工业机器人—电气系统—安装—高等职业教育—教材　② 工业机器人—电气系统—调试方法—高等职业教育—教材　Ⅳ.① TP242.2

　　中国版本图书馆 CIP 数据核字(2020)第 062314 号

策划编辑　高　樱
责任编辑　雷鸿俊
出版发行　西安电子科技大学出版社(西安市太白南路 2 号)
电　　话　(029)88242885 88201467　　　邮　　编　710071
网　　址　www.xduph.com　　　　　　　电子邮箱　xdupfxb001@163.com
经　　销　新华书店
印刷单位　陕西天意印务有限责任公司
版　　次　2020 年 5 月第 1 版　　2020 年 5 月第 1 次印刷
开　　本　787 毫米×960 毫米　1/16　印　张　12.5
字　　数　247 千字
印　　数　1～3000 册
定　　价　30.00 元

ISBN 978-7-5606-5660-1 / TN

XDUP 5962001-1

如有印装问题可调换

前　言

目前中国制造面临着前所未有的机遇与挑战，承接国际先进制造、参与国际分工是我国由制造大国向制造强国转变的主要手段与途径。随着工业机器人技术的大力发展和人力成本的逐年上升，工业机器人在制造业当中的应用必然呈井喷式增长，这在长三角和珠三角地区已经开始显现。各企业对工业机器人技术人才的需求在不断增加，这就要求高职高专院校培养熟悉机器人安装、调试、检修和维护的高技能应用型人才，从而满足企业的用人需求。

本书以世界著名的 KUKA 工业机器人为对象，着重围绕工业机器人电气系统的硬件安装、软件环境以及日常维护与保养等典型工作任务展开。本书以工作任务为核心，采用选择、组织并学习知识和技能的项目化教学模式，在项目实施过程中，将相关理论知识的传授与实践能力的训练有机地结合在一起，使学生"在做中学，在学中做"，以完成工作化的项目任务为基础，使学生在有目标的行动化的训练和学习中积累实践知识、获取理论知识。

全书分为六个项目，项目一为机器人的基本操作与零点标定，项目二为机器人控制柜计算机组件安装与调试，项目三为机器人控制柜安装与调试，项目四为机器人网络配置与故障诊断，项目五为基于 WorkVisual 软件的机器人项目管理，项目六为机器人控制柜组件的定期保养。这样的结构编排和内容设置可以使读者尽快掌握工业机器人的基本理论知识，全面提高工业机器人电气安装与维护技能。

本书由江苏工程职业技术学院师阳担任主编，丁锦宏担任副主编。师阳编写了项目一、项目二(除 2.2.1、2.2.2 节)、项目三(除 3.2.4 节)和项目五；丁锦宏编写了项目四(除 4.2.6 节)和项目六；顾子明编写了项目二的 2.2.1 节和 2.2.2 节；马文静编写了项目三的 3.2.4 节；张慧编写了项目四的 4.2.6 节。在编写过程中，江苏工程职业技术学院的蔡红健、陈群等为书稿付出了辛勤的劳动，我们还得到了 KUKA 机器人（上海）有限公司的大力支持，此外本书参考了相关教材、专著、论文、手册等资料，在此，编者一并致以衷心的感谢。

由于编者水平有限，书中难免有不当之处，恳请读者批评指正，可将意见和建议反馈至 E-mail：616511@qq.com。

编　者

2020 年 1 月

目　　录

项目一　机器人基本操作与零点标定

学习目标

(1) 熟悉工业机器人系统的结构与功能；
(2) 掌握示教器的使用；
(3) 掌握坐标系的分类与使用；
(4) 掌握工业机器人的运行方式和操作方法；
(5) 掌握工业机器人零点标定的方法与步骤。

1.1　项目任务

1.1.1　项目描述

　　工业机器人其实是机电一体化设备，在生产实践中，机器人在工作了一定的时间之后，通常会出现四种情形：① 机器人工作状态正常，需要正常的保养维护；② 机器人发生了硬件故障；③ 机器人发生了软件故障；④ 机器人长时间正常工作后，由于各种原因导致精度达不到工艺要求。这些情形都要求工业机器人运行维护人员通过操作机器人、调整机器人的空间位置等来进行机器人的维修与维护。在维修和维护工作结束后，特别是更换了配件之后，机器人的一些位置、零点等重要的数据可能丢失，这就要求维修工程师能够调整机器人各轴位置，迅速完成零点标定，使机器人精度达到工艺要求。

1.1.2　工作任务

　　通过学习本项目的相关知识，完成以下工作任务：
(1) 示教器控制工业机器人各轴运动；
(2) 完成机器人 6 个轴的零点标定。

1.2　相关知识点学习

　　工业机器人电气系统安装与调试人员需要了解机器人的结构组成，从而进一步理解控制系统的控制要求。工业机器人由机械系统、控制柜、示教器和连接电缆组成，如图 1-1 所示。

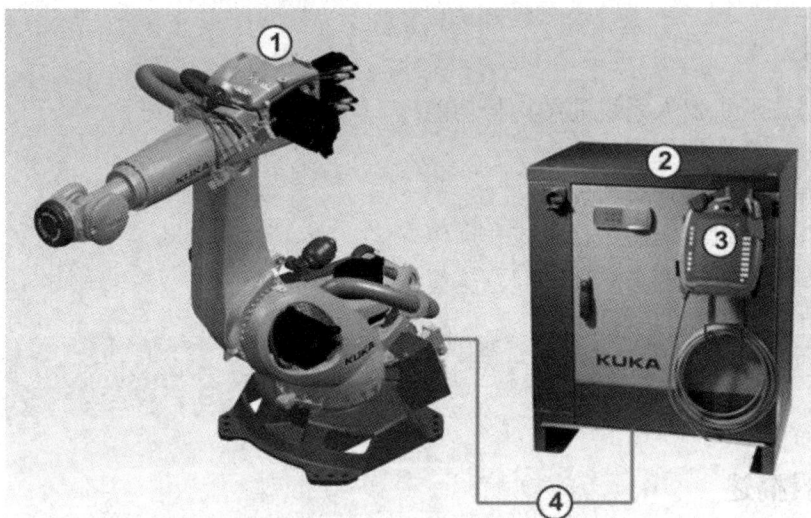

①—机械系统；②—控制柜；③—示教器；④—连接电缆

图 1-1　机器人系统结构

1.2.1　机器人系统的结构与功能

1. 机械系统

　　机械系统为工业机器人的执行机构，共有 6 个轴，分别由 6 个伺服电机控制，运动空间为球空间。

2. 控制柜

　　控制柜为整个工业机器人的控制核心，其中包括控制柜计算机、电源驱动模块(KPP)、控制柜伺服驱动器(KSP)、控制柜总线、KUKA 安全接口板(SIB)、电子数据存储器(EDS)、电子控制装置(EMD)等模块。

3. 示教器

示教器是工业机器人的重要组成部分，是用于工业机器人的手持编程器。KUKA 工业机器人所使用的示教器也被称为 SmartPAD，它具有现场操作、编程和显示功能，可以用手或者指示笔进行操作，无需外部设备，非常适宜于工业现场。

4. 连接电缆

连接电缆用于机器人控制柜与机器人执行机构的数据和能量传输。

1.2.2　示教器的使用

为保证机器人操作人员的安全，机器人示教器一般摆放在远离机器人本体的地方，用线缆与机器人控制柜相连接。示教器能够实现机器人安全控制、机器人运行模式选择、机器人的运动、机器人功能软件快捷操作、系统操作与编程、数据传输等操作。示教器的触摸屏和功能按键如图 1-2 和图 1-3 所示。

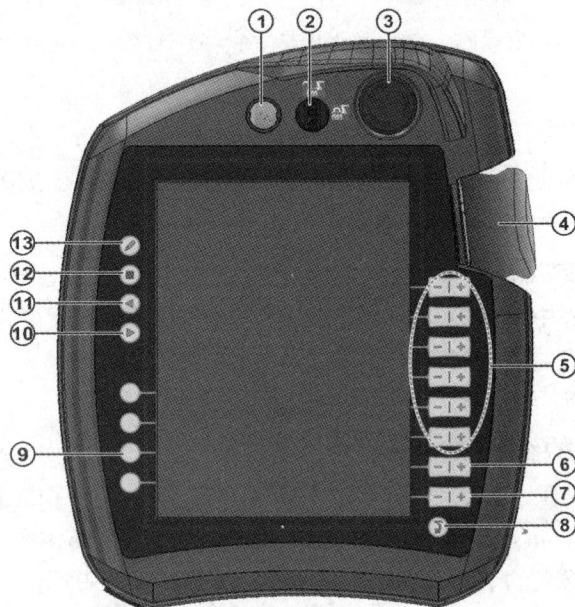

①—SmartPAD 断电 30 秒按键(用于拔下 SmartPAD 连接线)；②—运行模式选择开关；③—紧急停止按键(红色)；④—6D 鼠标；⑤—移动键；⑥—手动运行速度设定键；⑦—程序运行速度设定键；⑧—主菜单键；⑨—状态键；⑩—启动键；⑪—逆向启动键；⑫—停止键；⑬—键盘按键

图 1-2　SmartPAD 正面图

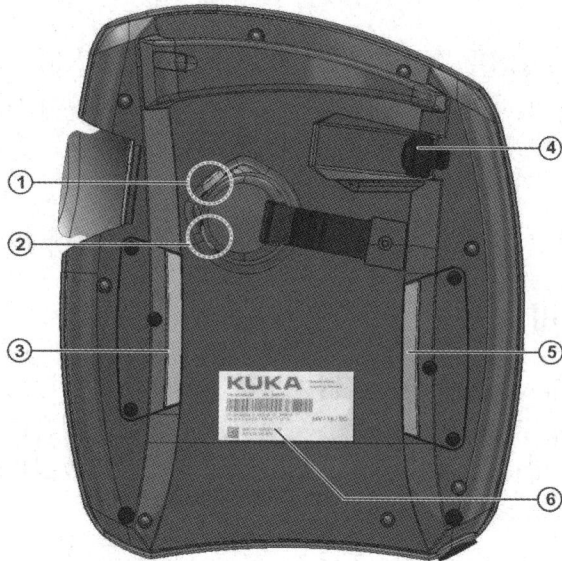

①—确认开关；②—启动键(绿色)；③—确认开关；④—USB 接口；⑤—确认开关；⑥—型号铭牌

图 1-3　SmartPAD 背面图

1. 机器人安全控制

机器人在没有工作任务或发生碰撞等紧急情况时，可以通过按图 1-2 中的紧急停止按键③，使机器人保持停止状态，从而确保人员和设备的安全。

2. 机器人运行模式选择

机器人在使用过程中，根据使用的情况，可以分为四种运行模式。通过旋转图 1-2 中的开关②，即可选择机器人相应的工作模式。

3. 机器人的运动

想要实现机器人的运动，需满足获得运动许可(使能)和运动指令两个条件。一直按住图 1-3 中的确认开关键①、③、⑤(3 个按键功能相同，只是为了满足不同人的操作习惯而设置的)，可使机器人获得运动许可。满足第一个条件后，再操作图 1-2 中的 6D 鼠标④或按下移动键⑤实现机器人的运动。机器人的手动运行速度和程序运行速度设定，可由图 1-2 中的手动运行速度设定键⑥、程序运行速度设定键⑦调整。

4. 机器人功能软件快捷操作

机器人的外部工具和其他外设功能都需要通过预装应用程序实现，在软件包安装之后，外部工具和其他外设的功能可以通过按图 1-2 中的状态键⑨来实现，如打开、保持和关闭气爪等操作。

5. 系统操作与编程

按下图 1-2 中的主菜单键⑧，调出系统菜单，在触摸屏上进行系统设置、系统检测、应用设置和冷启动等操作。在触摸屏上面进行程序编写，可实现机器人的程序运行。

6. 数据传输

将 U 盘等存储介质插在图 1-3 中的 USB 接口④，可以进行机器人系统数据、应用数据和信息数据等内容的备份与还原。

1.2.3 手动移动机器人

KUKA 工业机器人有以下四种运行模式：

(1) 测试运行模式 1(T1)：手动慢速运行，点的示教、零点标定和程序运动轨迹验证等操作都是在这种模式下进行的。

(2) 测试运行模式 2(T2)：手动快速运行，机器人以工艺速度运行时程序调试的模式。

(3) 自动运行模式(AUT)：用于不带上位机控制系统的工业机器人，运行速度为编程设定的速度。

(4) 外部自动运行模式(AUT EXT)：用于带上位机控制系统的工业机器人，运行速度为编程设定的速度。

本书以单独运动机器人的各轴为例进行讲解，如果每个轴都能精确地正常运行，那么机器人的电气系统安装与调试也就完成了。书中以 KUKA 垂直串联型 6 自由度的关节机器人为主要讲解内容，机器人的 A1~A6 轴如图 1-4 所示，每个轴都有正、负两个方向，从而构建了机器人 TCP 的球形运动空间。

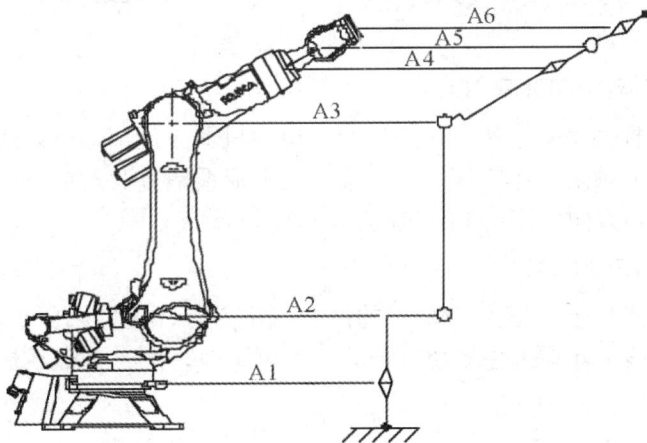

图 1-4　KUKA 机器人的轴

机器人手动操作轴的运动，首先确认环境和设备的安全，主要方法是人站在机器人运动空间之外，关闭安全门或将机器人设置为调试模式。然后将机器人的运动模式调整为测试运行模式 1(T1)，调整运动方式为轴运动，按下图 1-3 所示机器人示教器背面的确认开关①、③、⑤之一，再通过按下与 A1～A6 轴对应的加减按键(图 1-2 中的移动键⑤)实现机器人的运动，实现各轴的位置的调整。

1.2.4 坐标系的分类与使用

在 KUKA 机器人的控制系统中定义了五种坐标系，如图 1-5 所示。

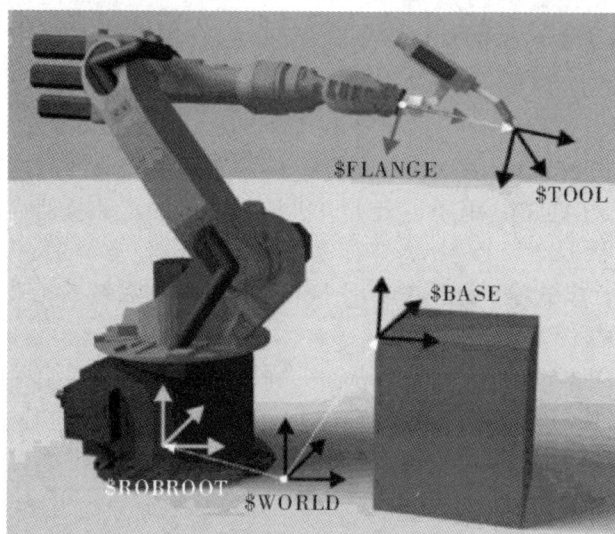

图 1-5 机器人的坐标系

1. 机器人足坐标系(ROBROOT)

ROBROOT 坐标系是一个笛卡尔坐标系，位于机器人足部，可以通过它与其他坐标系之间的位置和方向关系来确定机器人的位置。该坐标系是机器人系统自带的坐标系，不可更改，坐标系原点和方向如图 1-5 中$ROBROOT 所示。

2. 法兰坐标系(FLANGE)

法兰坐标系原点位于机器人 A6 轴的法兰盘中心点，坐标系原点和方向如图 1-5 中$FLANGE 所示。该坐标系也是系统自带的，不可更改。法兰坐标系是用户自定义坐标系的参考坐标系。

3. 世界坐标系(WORLD)

世界坐标系是一个笛卡尔坐标系，是用于表达机器人的 ROBROOT 坐标系与其他用户坐标系关系的参考坐标系，是一个用户可以自由定义的坐标系。在默认配置中，世界坐标系位于机器人足部，坐标系原点和方向如图 1-5 中$WORLD 所示。

4. 基坐标系(BASE)

基坐标系是一个笛卡尔坐标系，它以世界坐标系为参照基准，用来说明工件在世界坐标系当中的位置，是一个用户自定义的坐标系。在默认配置中，基坐标系与世界坐标系是一致的，用户可根据实际生产需要更改原点位置与方向，坐标系原点和方向如图 1-5 中$BASE 所示。

5. 工具坐标系(TOOL)

工具坐标系是一个笛卡尔坐标系，它以法兰坐标系为参照基准，用来说明工具在法兰坐标系当中的位置，是用户自定义的坐标系。在默认配置中，工具坐标系的原点在法兰中心点上，方向如图 1-5 中$TOOL 所示，用户可根据实际需要进行更改。

1.2.5　工业机器人的零点标定

每一台机器人在投入使用之前必须进行零点标定，如果机器人没有基准零点，那么后续的很多工作都无法进行，工艺的精度也无法得到保证。所以机器人只有在校正零点之后方可进行笛卡尔运动。

机器人的零点标定其实就是完成机器人的机械零点与电气零点的统一。为此必须将机器人置于一个已经定义的机械位置，即调整位置。然后，利用特殊的检测工具通过在机器人机械零点位置移动一小段距离，从而通过机械零点和伺服控制器发送脉冲的数量来判断零点。所有机器人的调整位置都相似，但不完全相同。精确位置在同一机器人型号的不同机器人之间也会有所不同。

1. 零点标定的几种情形

原则上，机器人必须时刻保持精度，也就是要时刻保持零点标定的结果，但在以下情形下必须进行零点标定：

(1) 机器人初次投入使用；

(2) 更换了机器人的定位元件，如旋转变压器或者 RDC 模块；

(3) 未经过控制系统移动了机器人的轴，如利用自由旋转扳手调整了轴的位置；

(4) 进行了机械维修，如机器人发生了碰撞或更换了齿轮箱等。

2. 机器人零点标定的工具

KUKA 机器人零点标定需要用到专用工具，主要有千分尺和电子控制装置(Electronic Mastering Device，EMD)两种工具。千分尺是在 EMD 研发出来之前使用的工具，已经不是主流使用的工具，目前主要使用 EMD 工具。

如图 1-6 所示，EMD 主要由通用型校准器①、传感器(③或④)和连接电缆⑤三个器件组成。根据所需零点标定机器人型号的不同，传感器可分为小型机器人 MEMD(Micro Electronic Mastering Device)和标准型机器人 SEMD(Standard Electronic Mastering Device)两种型号。

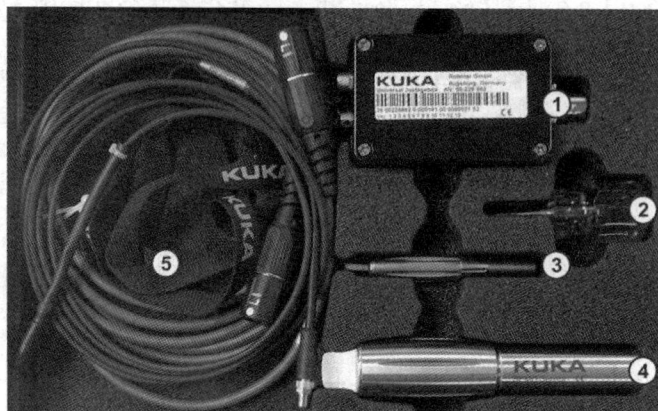

①—通用型校准器；②—螺丝刀；③—小型机器人 MEMD 传感器；
④—标准型机器人 SEMD 传感器；⑤—连接电缆

图 1-6　零点标定工具

3. 零点标定的工作原理

机器人每个轴上面都固定了一个旋转变压器(位置分解器)，如图 1-7 所示。旋转变压器通过数据线将测得的数据传送给机器人的 RDC 模块，通过机器人内部运算计算出机器人的机械位置与系统的电气位置之间的关系，从而完成零点标定。

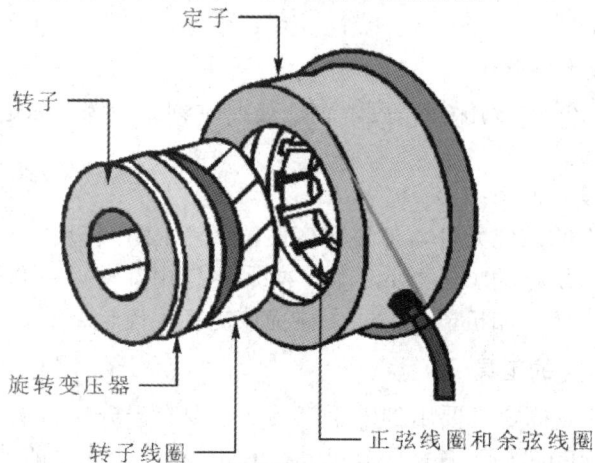

图 1-7　旋转变压器

旋转变压器是利用电磁感应原理来工作的，定子当中有 3 组正弦和余弦线圈，其原理如图 1-8 所示。旋转变压器的工作原理是：输入 8 kHz 的交流电压，将能量传输给转子线圈，因线圈旋转，故在定子中的正弦和余弦线圈通过电磁感应产生电压，检测正、余弦线圈之间电压的变化关系即可测定机械位置和电气位置的关系。

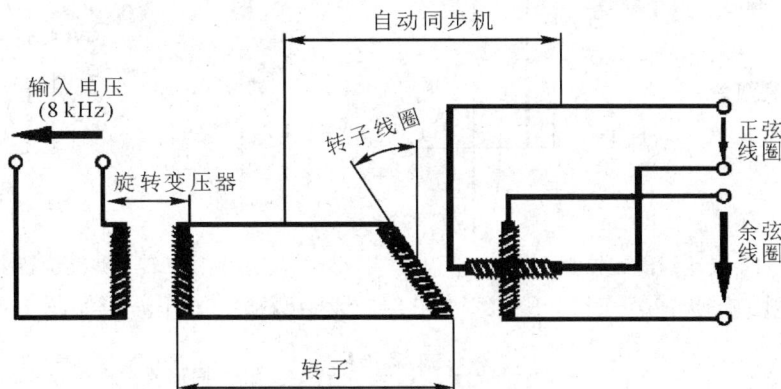

图 1-8　旋转变压器原理图

当转子线圈旋转位置不同时，正弦和余弦线圈的波形会发生变化。

当转子线圈旋转 0°和 30°时，正弦线圈和余弦线圈两端的电压波形如图 1-9 和图 1-10 所示。

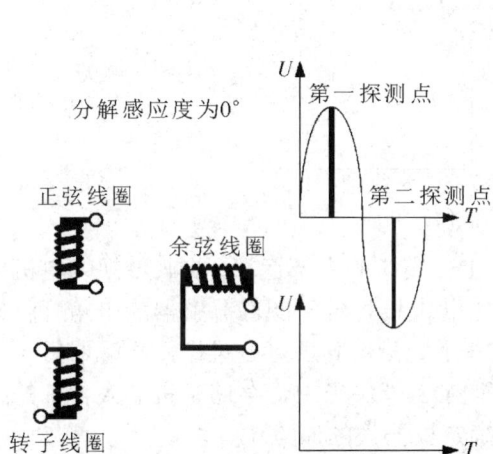

图 1-9　转子线圈旋转 0°

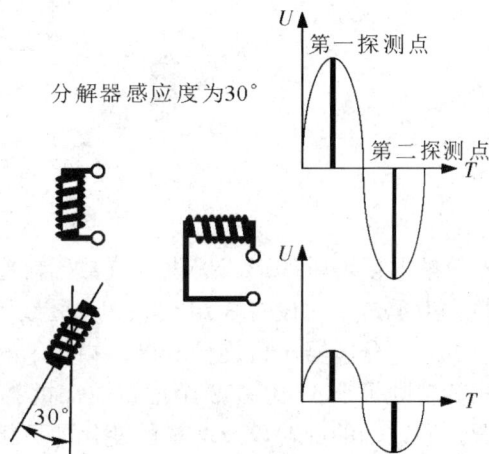

图 1-10　转子线圈旋转 30°

当转子线圈旋转 90°和 135°时，正弦线圈和余弦线圈两端的电压波形如图 1-11 和图 1-12 所示。

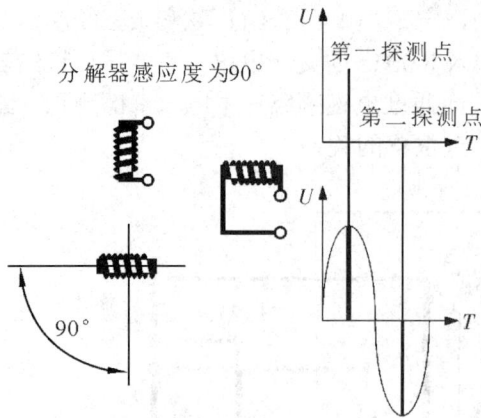

图 1-11　转子线圈旋转 90°

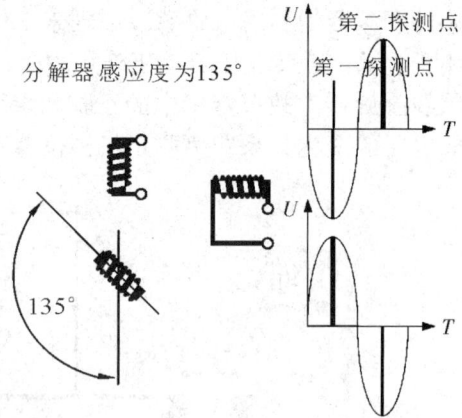

图 1-12　转子线圈旋转 135°

当转子线圈旋转 180° 时，正弦线圈和余弦线圈两端的电压波形如图 1-13 所示。

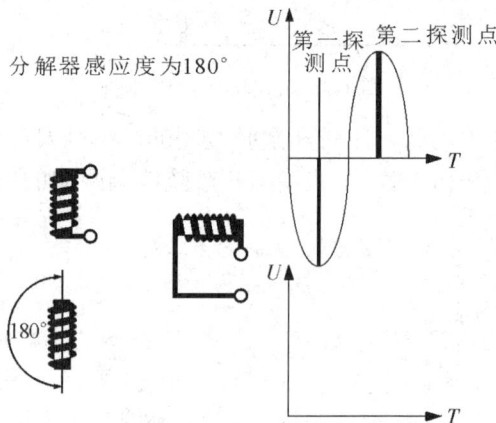

图 1-13　转子线圈旋转 180°

　　分解器以增量的形式提供位置数据，通过 RDC 模块的内部运算，将其转换为电机角度度数。由于定子内设有 3 组正弦和余弦线圈，因此电机每转一圈，分解器的电角度就旋转 $3 \times 120°$。分解器电机旋转一周，相当于 65 536 个增量，同理可以推出，分解器每一圈机械式旋转则等于 1 996 608 个增量。在机器人的 EDS 模块当中，存储了机器人各轴的绝对位置，通过轴的旋转以及增量的变化即可精确确定机器人的原点位置。

4. 零点标定

　　根据负载规格和精度要求，利用 EMD 对 KUKA 机器人进行零点标定有标准零点标定和带负载零点标定两种方式，但校准的流程是基本一致的。

1) 标准零点标定

标准零点标定是在精度较低和负载规格较小的情况下使用的零点标定形式,如码垛(精度低)、涂胶(负载规格小)等工艺,可直接在生产工具安装在机器人法兰盘上之后进行零点标定操作。

2) 带负载零点标定

带负载零点标定是在精度较高和负载规格较大的情况下使用的零点标定形式,如激光焊接(精度高)、点焊(负载规格大)等工艺。这种零点标定分为两个步骤:第一步执行首次零点标定,也就是法兰盘不安装工具标定;第二步执行偏量学习标定,也就是在法兰盘上安装好生产工具,再进行一次零点标定。

3) EMD校准流程

利用EMD进行零点标定实际上是通过确定轴的机械零点方式进行的。在此过程中轴将一直运动,直至达到机械零点为止。利用测量筒当中的探针来检测预标定测量槽的最低点,当探针达到槽的最深处时,EMD的处理芯片会给机器人系统发送此处为机械零点的信号,机器人系统将目前伺服驱动器中记录的脉冲数据设置为0,这样机械零点和电气零点就一致了,从而实现了零点标定。所以每个轴都配有一个零点标定位和一个预标定零点标记,具体标定流程如图1-14所示。

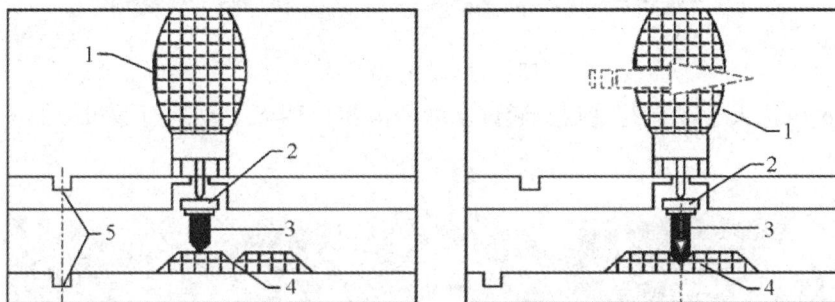

1—EMD;2—测量筒;3—传感器探针;4—测量槽;5—预标定零点标记

图1-14 EMD校准流程

1.3 项目实施

1.3.1 示教器控制工业机器人轴运动

示教器控制工业机器人轴运动的具体步骤如下:

（1）关闭安全门，单击示教器显示界面上方的 OK，确认机器人状态。

（2）将机器人运行模式调成测试运行模式 1(T1)。旋转示教器上方的转换开关，单击 T1 模式，示教器显示器上面模式显示为 T1，则设置成功，如图 1-15 所示。

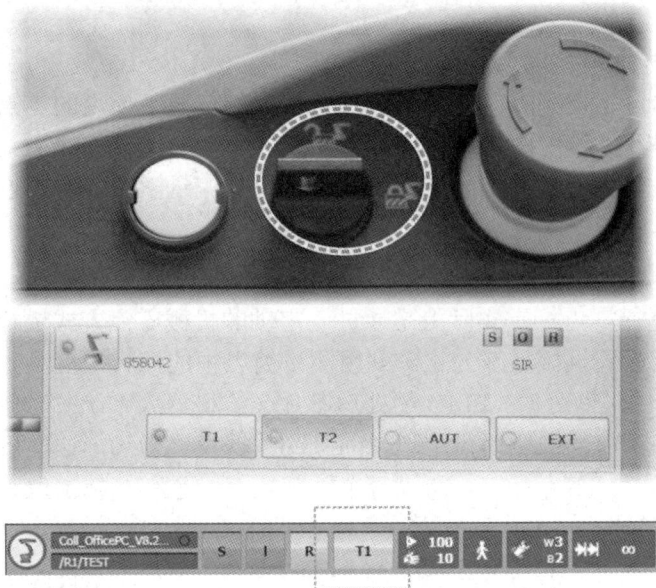

图 1-15　运行模式选择

（3）调整机器人手动运行速度。通过示教器调整机器人手动运行速度，如图 1-16 所示。

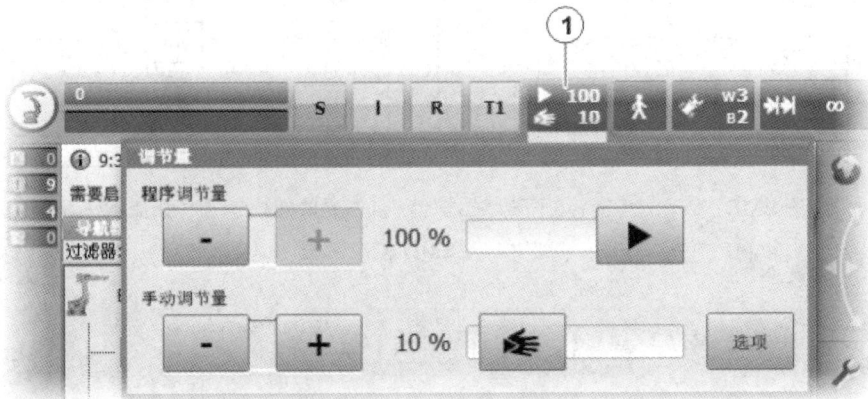

图 1-16　手动运行速度调整

（4）将机器人的运动方式调整为轴运动，如图 1-17 所示。按下示教器背面的确认键，按下对应轴的移动键，实现各轴的运动。

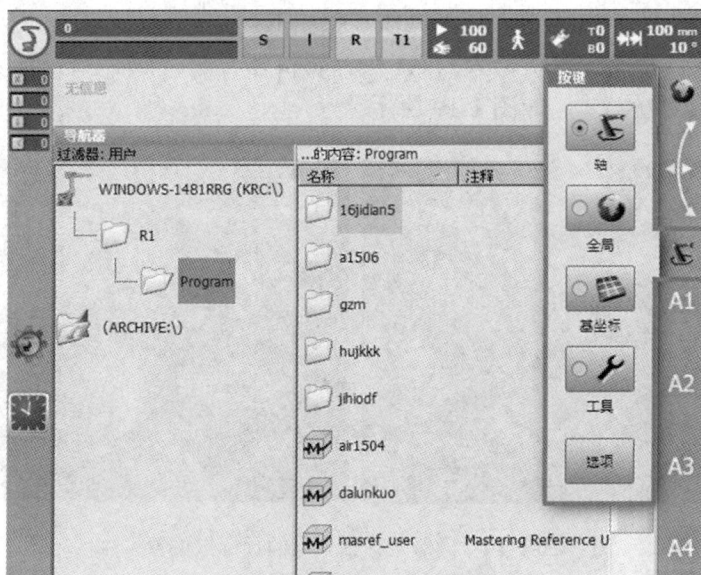

图 1-17 轴运动模式选择

1.3.2 零点标定

进行零点标定时，应按照 A1～A6 轴的顺序逐一标定，顺序不可更改，如改变了顺序将会引起误差变大，标定不准确。机器人出厂时已经在各轴特定位置制作了缺口或者标记了初始位置，各轴零点标定的初始位置如图 1-18 所示。

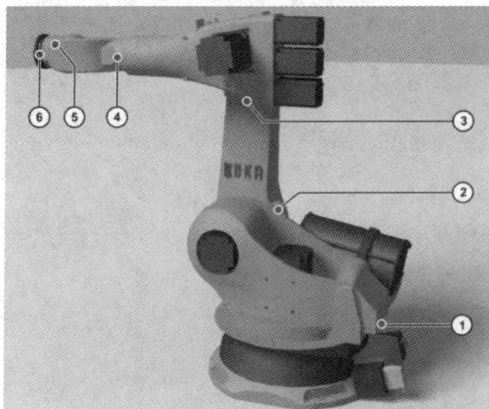

①—A1 轴预标定位置；②—A2 轴预标定位置；③—A3 轴预标定位置；
④—A4 轴预标定位置；⑤—A5 轴预标定位置；⑥—A6 轴预标定位置

图 1-18 机器人各轴零点标定的初始位置

以 A1 轴为例进行零点标定，具体操作步骤如下：

(1) 通过示教器手动运行机器人的 A1 轴，将机器人的 A1 轴从位置①移动到零点标定的初始位置(预标定位置)②，如图 1-19 所示。

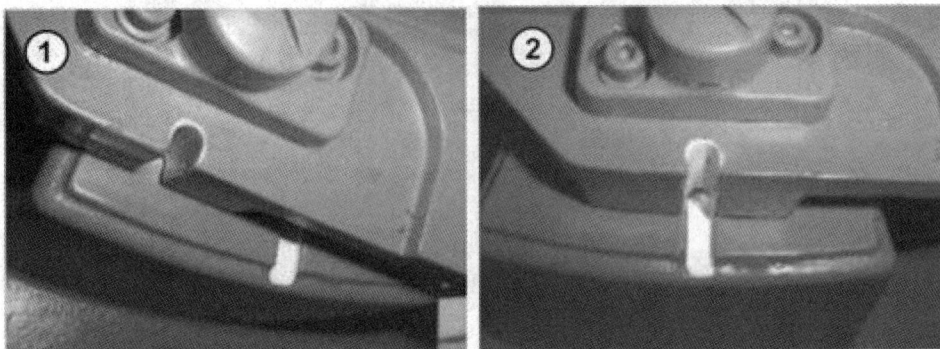

图 1-19　机器人各轴零点的预标定位置

(2) 在主菜单中选择投入运行→调整→EMD→标准→执行零点校正(如图 1-20 所示)，打开零点标定窗口，所有需要标定的轴都会显示出来。

图 1-20　机器人零点标定选择

(3) 取下接口 X32 上的盖子，如图 1-21 所示。

图 1-21　A1 轴 X32 端口的位置

(4) 将 EMD 设备的 EtherCAT 电缆线 X32 接口(粗)连接到机器人后方设备盒上面的 X32 接口上，再将 EtherCAT 电缆线 X32.1 接口(细)连接在 EMD 零点标定盒上，如图 1-22 所示。

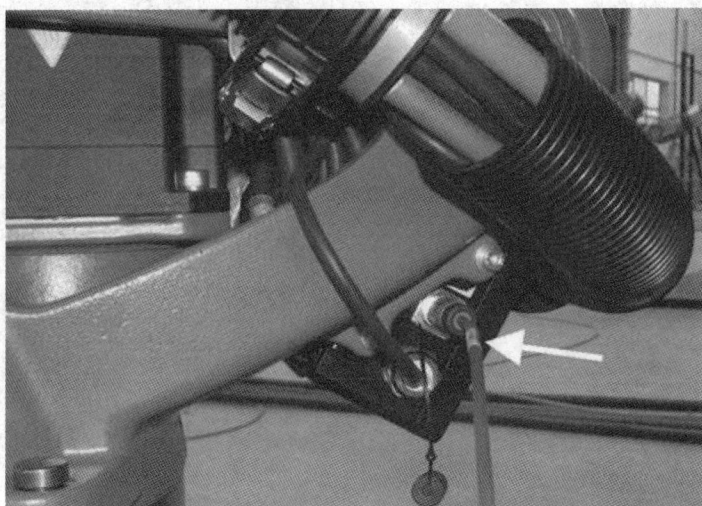

图 1-22　EtherCAT 电缆安装位置

(5) 取下防护盖，将 EMD 传感器拧到测量筒上，如图 1-23 所示。

图 1-23　将 EMD 拧到测量筒上

（6）将 EtherCAT 电缆线的另一端连接到 EMD 上，插口有防插错设计，按照标记方向插入即可。连接成功后，示教器上零点标定界面的 EMD 连接指示灯变成绿色，如图 1-24 所示。

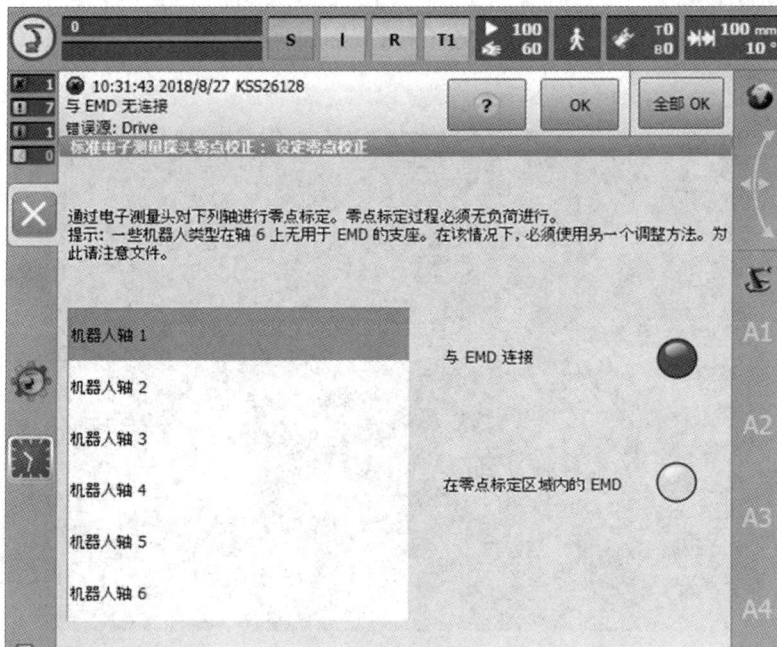

图 1-24　零点标定界面

(7) 在示教器零点标定界面单击要标定的机器人轴 1。

(8) 按下确认开关和启动键，如果 EMD 已经通过了测量切口，则零点标定位置将被计算，机器人自动停止运行，数值被保存，该 A1 轴在窗口中消失。

(9) 将测量导线从 EMD 上取下，再从测量筒上取下 EMD，并将防护盖重新装好，A1 轴标定完毕。

按 A1～A6 顺序对所有待标定的轴进行零点标定，标定的过程和方法与 A1 轴标定一样。直到所有轴都标定完毕，机器人零点标定界面会显示无轴可校正，如图 1-25 所示。关闭窗口，机器人零点标定就完成了。

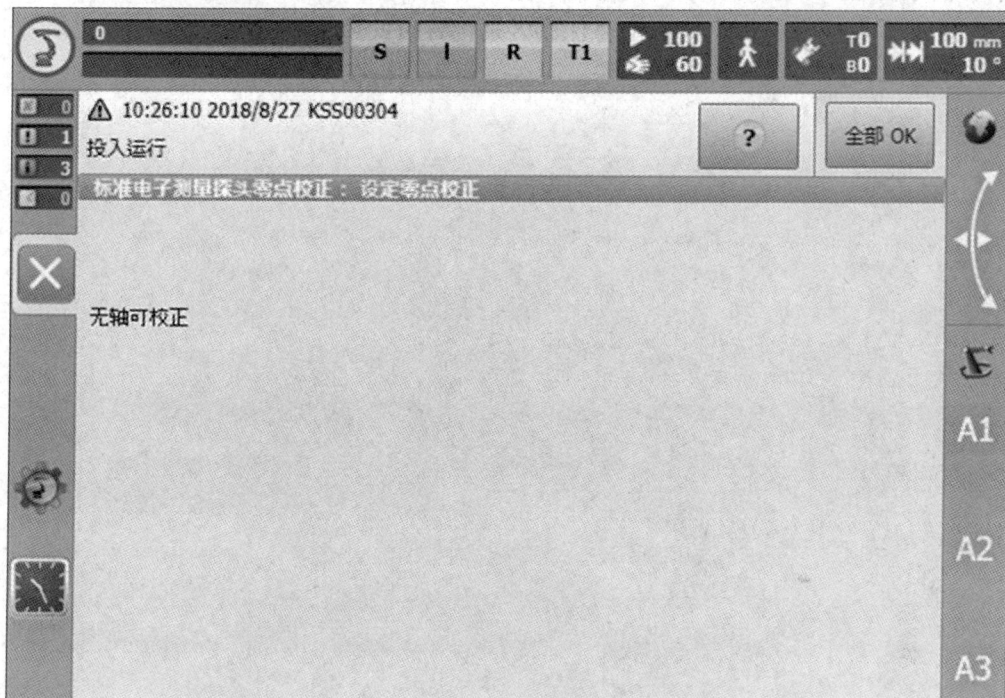

图 1-25 无轴可校正

1.4 拓展与习题

1. 拓展项目

实训车间有一台 KUKA 小型机器人 KR AGILUS 的零点丢失了，无法正常使用，试利用零点标定工具 MEMD 进行零点标定。

2. 习题

(1) KUKA 工业机器人由哪些部分组成？

(2) KUKA 工业机器人有几种运行模式，分别是什么？

(3) KUKA 机器人控制系统有几种坐标系，分别是什么？

(4) 什么是机器人的零点标定？什么情况下需要进行零点标定？

(5) 机器人零点标定时有哪些注意事项？

(6) 零点标定的原理是什么？

(7) 删除机器人零点之后，对机器人工作有什么影响？

(8) 标准零点标定和带负载标定有什么区别，各自的应用场合是什么？

项目二　机器人控制柜计算机组件安装与调试

(1) 熟悉机器人控制柜计算机结构与功能；

(2) 熟悉机器人控制柜计算机组成部件的名称及作用；

(3) 掌握选择正确配件的方法；

(4) 掌握计算机组件安装方法及注意事项；

(5) 掌握控制柜计算机安装操作流程。

2.1　项目任务

2.1.1　项目描述

计算机是工业机器人控制柜中的一个重要组成部分，机器人的控制、安全以及内部与外部的通信都是通过计算机实现的，而且机器人的运行数据、检测数据、总线配置数据以及故障信息等都存储在计算机中。当控制器中的计算机发生故障时，就要求维修工程师能够迅速判断故障并更换故障部件以保障机器人正常运行。

2.1.2　工作任务

通过 KUKA 控制柜计算机配件表，正确选择配件并完成 KUKA 机器人控制柜计算机的安装与调试。

2.2　相关知识点学习

控制柜计算机的内部组成如图 2-1 所示，主要包括硬盘①、主板②、计算机接口③、计算机风扇④、处理器冷却器⑤、内存⑥、电源⑦和网卡等。外部设备能够通过计算机主板接口与计算机内部相连接，如图 2-2 所示。显示器通过 DVI 接口①与计算机相连，USB 等存储介质通过 USB 接口②与计算机相连，计算机通过 KUKA 用户网络接口③与外部网络相连等。计算机的电路系统主要由控制芯片、开机电路以及时钟电路构成，这些结构在计算机运行的过程中通过相互配合以及相互制约的方式控制主板的功能。只有通过科学合理地调控计算机的各个组件，才能使其整体始终处于平衡运行的状态，从而使计算机运行得更加可靠与稳定。

①—硬盘；②—带扩展插槽的主板；③—计算机接口；④—计算机风扇；
⑤—处理器冷却器；⑥—内存；⑦—电源

图 2-1　计算机内部图

①—显示器 DVI 接口；②—USB 接口；③—KUKA 用户网络接口；
④—KUKA 线路接口；⑤—KUKA 系统总线；⑥—KUKA 控制总线

图 2-2　计算机主板 I/O 接口

2.2.1　主板

计算机的主板组成如图 2-3 所示，主要由 CPU 与散热器①、南桥芯片⑦、北桥芯片与散热器⑥、集成网卡芯片⑨、主电源插座③、SATA 端口④、内存条插槽②、PCI 插槽⑧和 I/O 接口⑩等部件组成。确保计算机正常开机的条件主要包括时钟以及复位等。通过启动开机键对计算机控制中心发出开机信号，并将信号传导到相关芯片中，由芯片对控制系统进行控制，最终达到开机的目的。其中，主板时钟电路主要为计算机中的主板电路以及 CPU 等提供工作频率。通过主板时钟电路中晶振的震动实现频率的划分，并将划分好的频率传输到各个设备中。通常情况下，设备的运行速度指的就是该设备中的频率，只有所有设备在额定频率下，才能够顺利运行。主板复位电路主要负责的是对计算机主板中的各个设备进行初始化处理，在开机的过程中使所有设备进入初始化状态，进而使计算机主板正常工作。主板复位电路主要由电源、开关、电阻器以及电容器等元件组成，并通过南桥芯片对主板复位电路进行控制，实现电路的正常运行。

KUKA 机器人控制柜中的计算机，如果主板损坏，一般情况下不单独更换，应连同整机一同更换。

①—CPU 与散热器；②—内存条插槽；③—主电源插座；④—SATA 端口；⑤—主板电池；
⑥—北桥芯片与散热器；⑦—南桥芯片；⑧—PCI 插槽；⑨—集成网卡芯片；⑩—I/O 接口

图 2-3　计算机主板

1. PCB 基板

印制电路板(Printed Circuit Board，PCB)主要由铜皮和玻璃纤维经树脂材料黏合而成。其中每层铜皮成为一个电路层，其上的电子元件是通过 PCB 内部的铝箔线连接的。铜皮层越多，电子线路的布局空间越大，线路将能得到最优化的布局，能有效减少电磁干扰和不稳定因素，增加主板的运行稳定性。主板的 PCB 为 4 层或 6 层，KUKA 计算机的主板一般为 4 层，最上面和最下面两层为"信号层"，中间两层为"接地层"和"电源层"。

在一块主板上，从主板芯片组到 CPU、内存、PCI 等设备的距离应该是相等的，这是主板设计的基本要求(时钟线等长)。有时元器件之间距离太短，为了保证走线线路的等长，常采用蛇行走线，以弯曲的方式走线来调节长度。蛇行走线还可以降低信号之间的干扰。

PCB 表面颜色是一种阻焊剂的颜色，阻焊剂的主要作用是防止电子元件在焊接过程中出现错焊，另一作用是防止元器件在使用过程中线路氧化和腐蚀，降低故障率，因此 PCB 的颜色与主板性能无关。

2. 主板芯片组

芯片组是保证系统正常工作的重要控制模块，有单片和双片两种结构。对于双片结构来说，主板芯片组主要包括北桥芯片和南桥芯片。

北桥芯片是距离 CPU 最近的芯片。北桥芯片主要负责控制管理计算机主板中 CPU、内存、显卡等高速运行的设备，对计算机主板的正常运行起着至关重要的作用。所以，北桥芯片在运行过程中消耗的能量较大，导致芯片产生的热量也较高。为了使北桥芯片能够正常运行，要在北桥芯片中安装散热设备，避免芯片在运行过程中由于产生的热量过多发生故障。

南桥芯片一般位于 CPU 较远的下方、PCI 插槽的附近，它主要负责控制管理计算机主板中 PCI 总线、实时时钟控制器、高级电源管理、SATA 接口、USB 接口和键盘控制器等低速运行的设备。这些设备速度都比较慢，而且在计算机主板中所占的比重不是很大，为了不影响北桥芯片的高速部分，这些低速设备就分配给南桥芯片来管理。

3. 主板供电单元

供电单元是指为 CPU、内存控制器、集成显卡等部件供电的单元，其作用是对电源输送来的电流进行电压的转换，通过稳压并滤除掉各种杂波和干扰信号，以保证电源的稳定可靠，从而确保计算机主板中的各个设备能够正常运行，进而保障计算机整体运行的稳定性。随着 CPU 主频和系统总线工作频率的提高，对于主板供电的要求也越来越严格，供电电路对于计算机主板的正常运行来说起着决定性作用。另外，供电电路在实际运行的过程中还要维持自身系统内电压的稳定，这是确保计算机主板运行质量的先决条件。

主板供电电路的主要部分一般都位于主板 CPU 插座附近，最常见的供电组合方案是由"MOSFET 场效应晶体管+电容+电感"组成一个相对独立的单相供电电路，这样的组成通常会在供电电路中出现 N 次，同时也会出现 N 相供电。多相电路可以非常精确地平衡各相供电电路输出的电流，以维持各功率组件的热平衡。

4. 内存条插槽

内存条插槽的作用是安装内存条，一般主板提供 1、2 或 4 个插槽。使用的内存条类型有 DDR SDRAM、DDR2 SDRAM、DDR3 SDRAM 和 DDR4 SDRAM，不同类型的内存条只能插在与之相对应的插槽里。

主流的 KUKA 计算机主板有两个插槽，使用的是 DDR3 SDRAM 内存条。

5. PCI 插槽

PCI 插槽是基于周边元件扩展接口(Peripherd Component Interconnect，PCI)局部总线的扩展卡槽。PCI 接口的数据宽度为 32 bit 或 64 bit，工作频率为 33.3 MHz，最大数据传输速率分别为 133 Mb/s(33.3 MHz×32 bit/8)或 266 Mb/s(33.3 MHz×64 bit/8)。PCI 总线能自动识别外部设备，能插显卡、声卡、网卡等扩展卡。PCI 插槽是主要扩展插槽，通过插接不同的扩展卡可以获得目前计算机能实现的所有外界功能。

6. SATA 接口

Serial ATA(简称 SATA)接口是为了取代并行的 IDE 接口而设计的，用 4 根引脚就能完成所有的工作，分别为电源引脚、接地引脚、发送数据引脚和接收数据引脚。2001 年发布了 SATA 1.0 标准，定义的数据传输速率为 1.5 Gb/s；2007 年制定了 SATA2.0 及 SATA2.5 标准，数据传输速率为 3.0 Gb/s；2009 年发布了 SATA 3.0 标准，定义的数据传输速率为 6 Gb/s。新标准完全兼容前几代产品的标准，新接口的产品与旧接口的产品相连时，会自动下降到旧接口的数据传输速率。

SATA 标准协议自正式发布以来，已经历了 3 个版本，每一次的版本更新除了提高数据传输速率和加入新功能之外，其基本的框架结构和信号格式始终没有变化。在体系结构划分上，SATA 标准协议参考了开放系统互连(OSI)参考模型，根据实现功能的不同和服务对象的不同将整个 SATA 体系划分为 5 个层级，即物理层(Physical Layer)、数据链路层(Link Layer)、传输层(Transport Layer)、命令层(Command Layer)和应用层(Application Layer)，如图 2-4 所示。其中每一个层级实现相应的功能，各个层级之间也有对应的通信接口，这样有利于系统的模块化设计。

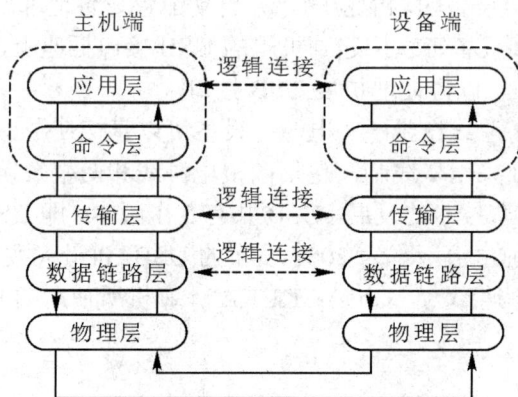

图 2-4　SATA 标准协议层级结构图

(1) 应用层：面向顶层，向主机提供可编程接口，拥有映射寄存器(Shadow Register Block，SRB)和状态控制寄存器(Status and Control Register，SCR)。

(2) 命令层：负责所有 SATA 命令的解析，根据命令类型的不同，采用相应规则的 FIS(Frame Information Structure，帧信息结构)顺序进行交互。

(3) 传输层：负责将来自上层的命令请求和控制信息等转化成 FIS，发送给数据链路层；接收来自数据链路层上传的 FIS 并将其解析，向上层反馈解析出来的有效信息；管理流量控制，侦测到错误后重发。

(4) 数据链路层：需要将待发送的 FIS 和原语(Primitives)封装成帧，经过编码之后交由物理层发送；将接收到的帧解码后上传到传输层；生成、接收原语用于通信前的握手交互。

(5) 物理层：包括用于物理链路上收发数据的高速收发器，可以完成链路初始化、电源管理以及热插拔等操作。

KUKA 计算机主板上面提供了两个 SATA2.0 接口，接口有防插错设计，两个 SATA 接口的设备没有主从之分。

7. USB 接口

USB(Universal Serial Bus，USB 通用串行总线)是 1994 年由 Compaq、IBM、Microsoft 等 7 家公司提出的，其设计目的是针对计算机传统外部接口的不足。传统计算机的外部接口主要是并口和串口，这些接口不具有即插即用特性，不能热插拔，数量很少，扩展困难，速度比较慢，不能进行自动配置。它们限制了计算机及其外部设备的发展。USB 总线具有数据传输速率高、成本低廉、可热插拔等优点，能够适应未来计算机对外部接口的需求。USB 总线具有以下特征：

(1) 自动设置：操作系统能够自动检测连接到 USB 总线的设备，并加载相应的驱动程序。操作系统自动完成对设备的功能检测，并自动配置设备地址。

(2) 使用容易：USB 设备可直接连到机箱的 USB 接口插座上，支持热插拔功能，通过连接集线器 HUB 设备，可以方便地扩展 USB 接口。

(3) 自带电源：USB 总线自带 5 V 电源，设备可以直接使用总线所提供的电源。

(4) 连接简单：USB 采用 4 线制，包括两根电源线和两根数据线。

(5) 传输速度快：随着技术的发展，USB 共有 5 个版本，即 USB1.0、USB1.1、USB2.0、USB3.0 和 USB3.1，目前主流版本为 2001 发布的 USB2.0(最大数据传输速率为 480 Mb/s)和 USB3.0(最大数据传输速率为 5 Gb/s)。KUKA 计算机所使用的 USB 接口为 2.0 版本。

2.2.2 中央处理器

中央处理器(CPU)是电子计算机的主要设备之一，是计算机中的核心配件，其功能主要是解释计算机指令以及处理计算机软件中的数据。CPU 是计算机中负责读取指令，对指令译码并执行指令的核心部件。CPU 主要包括两个部分，即控制器和运算器，其中还包括高速缓冲存储器及实现它们之间联系的数据、控制的总线。电子计算机的三大核心部件是 CPU、内部存储器和输入/输出(I/O)设备。CPU 的功效主要为处理指令、执行操作、控制时间及处理数据。在计算机体系结构中，CPU 是对计算机的所有硬件资源(如存储器、输入/输出单元)进行控制调配、执行通用运算的核心硬件单元，它是计算机的运算和控制核心。计算机系统中所有软件层的操作，最终都将通过指令集映射为 CPU 的操作。

冯·诺依曼体系结构是现代计算机的基础。在该体系结构下，程序和数据统一存储，指令和数据需要从同一存储空间存取，经由同一总线传输，无法重叠执行。根据冯·诺依曼体系，CPU 的工作分为 5 个阶段，即取指阶段、指令译码阶段、执行指令阶段、访存取数阶段和结果写回阶段，各阶段的功能如下：

(1) 取指令(Instruction Fetch，IF)阶段：将一条指令从主存储器中取到指令寄存器的过程。程序计数器中的数值用来指示当前指令在主存中的位置。当一条指令被取出后，PC 中的数值将根据指令字长度自动递增。

(2) 指令译码(Instruction Decode，ID)阶段：取出指令后，指令译码器按照预定的指令格式，对取回的指令进行拆分和解释，识别区分出不同的指令类别以及各种获取操作数的方法。

(3) 执行指令(Execute，EX)阶段：具体实现指令的功能。CPU 的不同部分被连接起来，以执行所需的操作。

(4) 访存取数(Memory，MEM)阶段：根据指令需要访问主存、读取操作数，CPU 得到操作数在主存中的地址，并从主存中读取该操作数用于运算。部分指令不需要访问主存，则可以跳过该阶段。

(5) 结果写回(Write Back，WB)阶段：把执行指令阶段的运行结果数据"写回"到某种存储形式。结果数据一般会被写到 CPU 的内部寄存器中，以便被后续的指令快速地存取；许多指令还会改变程序状态字寄存器中标志位的状态，这些标志位标识着不同的操作结果，可被用来影响程序的动作。

在指令执行完毕、结果数据写回之后，若无意外事件(如结果溢出等)发生，计算机就从程序计数器中取得下一条指令地址，开始新一轮的循环，下一个指令周期将顺序取出下一条指令。

2.2.3　内存

内存的作用是存放各种输入、输出数据和中间结果，以及与外部存储器交换数据时作为缓冲使用。由于 CPU 智能直接处理内存中的数据，所以内存的速度和容量大小对计算机性能影响很大。按内存在计算机内的用途分为主存储器和辅存储器，内存显示的存储容量指的是主存储器的容量。

为了节省主板空间，增强配置的灵活性，现在主板均采用内存模块结构，其中条形结构是现在最常用的模块结构。条形存储器是把存储器芯片、电容、电阻等元件焊接在一小条印制电路板(PCB)上面，形成大容量的内存模块，简称内存条，如图 2-5 所示。

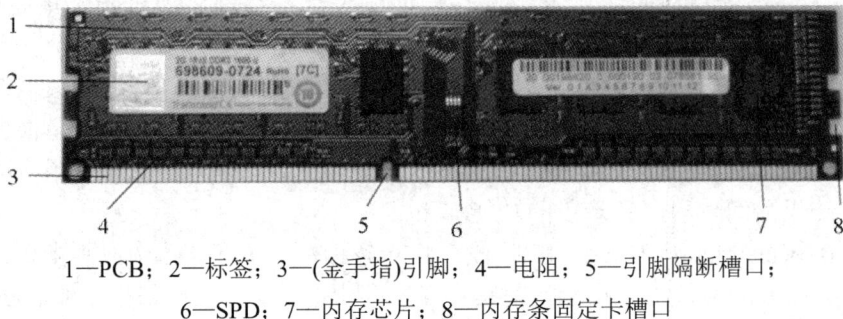

1—PCB；2—标签；3—(金手指)引脚；4—电阻；5—引脚隔断槽口；

6—SPD；7—内存芯片；8—内存条固定卡槽口

图 2-5　内存条

1. 内存条的结构

1) 印制电路板(PCB)

内存条的 PCB 多数是绿色的，也有红色的，电路板都采用多层设计，有 4 层或 6 层的。理论上 6 层 PCB 比 4 层 PCB 的电气性能要好，性能也更稳定，所以大品牌多采用 6 层 PCB 制造。因为 PCB 制造严密，所以从肉眼上较难分辨 PCB 是 4 层或 6 层，只能借助一些印在 PCB 上的符号或标志来判断。

2) 金手指(引脚)

黄色的引脚是内存条与主板内容内存条槽接触的部分，通常被称为金手指。金手指是铜质导线，使用时间长就可能被氧化，影响内存条的正常工作，导致发射管无法开机的故障。每隔一年左右的时间，可用橡皮擦一遍被氧化的金手指就可以解决这个问题。

3) 内存条固定卡缺口

主板上的内存插槽上有两个夹子，用来牢固地扣住内存条，内存条上的缺口是用于固定内存条的。

4) 金手指缺口

金手指上的缺口的作用主要有两个：一是用来防止内存条插反(只有一侧有)；二是用来区分不同类型的内存条。

5) 内存芯片

内存条上的内存芯片也称内存颗粒，内存条的性能、速度、容量都是由内存芯片决定的。内存芯片上都印有芯片标签，这是了解内存条性能参数的重要数据。

内存条上焊接的内存芯片有单面和双面之分。单面焊接内存芯片的内存条，每条提供一组内存区块(Bank)。对于双面内存条，每条提供两组内存区块。单、双面内存条区别很小，但同等容量的内存条，单面的比双面的集成度要高，工作起来更稳定，KUKA 机器人控制柜计算机使用的是单面内存条。

6) SPD 芯片

串行存在检测(Serial Presence Detect，SPD)芯片是一片 8 针、容量为 256B 的 EEPROM芯片，采用小外形集成电路(Small Outline Integrated Circuit，SOIC)封装形式集成在内存条上。SDRAM、DDR 和 SDRAM 三种类型内存条 SPD 芯片集成在内存条正面的右侧，DDR2和 DDR3 两种类型的内存条 SPD 芯片集成在内存条中间。SPD 芯片内记录了该内存条的许多重要参数，如芯片厂商、内存厂商、工作频率、容量、电压、行/列地址数量、是否具备ECC 校验、各种主要操作时序(如 CL、tRCD、tRP、tRAS)等。

SPD 芯片中的参数都是由内存制造商根据内存芯片的实际性能写入的，主要用途是协助北桥芯片精确调整内存的时序参数，以达到最佳的运行效果。如果在 BIOS 中将内存设置选定为"By SPD"，当开机时，主板 BIOS 就会读取 SPD 中的参数，主板北桥花片组则根据这些参数自动配置相应的内存工作时序，从而可以充分发挥内存的性能。

7) 内存颗粒空位

一般内存条每面焊接 8 片内存芯片，如果多出一个空位没有焊接芯片，则这个空位是预留给 ECC 校验模块的。

8) 电容

内存条上采用贴片式电容，其作用是滤除高频干扰，提高内存条的稳定性。

9) 电阻

内存条上的电阻采用贴片式电阻。因为在数据传输的过程中要对不同信号进行阻抗匹配和信号衰减，所以许多地方都要用到电阻。在内存条的 PCB 设计中，使用什么样阻值的电阻往往会对内存条的稳定性产生很大影响。

2. 内存条芯片的工作原理

同步动态随机存储器的最小存储体 DRAM 利用金属氧化物半导体管栅极电容储存电荷的原理存储数据，需要及时补充漏掉的电荷以避免存储信息的丢失，即要不断地进行刷新。刷新方法分为集中式和分散式两种。集中式刷新在一段集中的时间连续刷新，其余时间完成读写等操作，主要用在实时性要求不高的场合；分散式刷新是指刷新和读写操作交替进行。

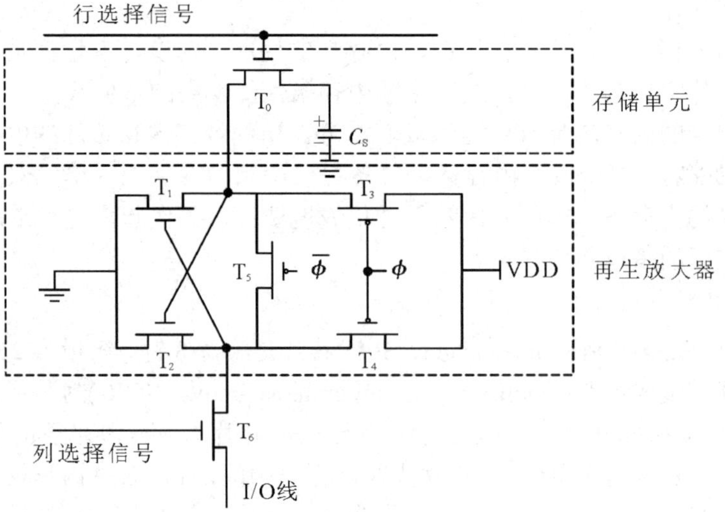

图 2-6　单管动态 RAM 存储单元

　　DRAM 芯片是由多个单管动态 RAM 存储单元组成的，其电路图如图 2-6 所示。读写操作前，将 ϕ 拉高，T_5 管导通，此时再生放大器不工作，再生放大器自平衡，接着 ϕ 拉低，进行读写操作。写操作时，将行列地址信号线拉高，T_0、T_6 管导通，当从 I/O 数据线写入数据"0"时，此时 T_1、T_3 管的栅极都为低电平，两者组成反相器，则反相器的输出为高电平，经过 T_0 管写入到电容 C_s 中，对 C_s 充电；当从 I/O 数据线写入"1"时，T_1、T_3 管组成的反相器输出为低电平，若 C_s 中有电荷，则电荷释放，因此写操作是对电容 C_s 充放电的过程，写入存储单元将输入信号逻辑反相后存入 C_s。读操作时，同样拉高行列地址信号线，T_0、T_6 管导通，若 C_s 中存有电荷，则电荷经 T_0 管到 T_2 管的栅极，T_2 管漏极输出低电平，经 T_6 管后在 I/O 数据线上得到低电平，同时 T_1 管的栅极拉低，T_1、T_3 管组成的反相器输出为高电平，经 T_0 管后对 C_s 充电，C_s 中的电荷量不会减少，存储单元电平逻辑依旧为高；若 C_s 中没有存电荷，则 T_2 管的栅极为低电平，T_2 管截止，输出为高电平，于是 I/O 数据线上得到高电平，同时 T_1 管为高，输出低电平，C_s 中不会充电，因此读操作时，存储单元将信号逻辑反相后输出给 I/O 数据线。

　　对于刷新操作，与读操作类似，但执行刷新操作时，只拉高行地址线，这时行选通、列不选通，进行读操作，则 C_s 中电容会充电或保持不变。因为列不选通，所以信号不能经 T_6 管输出，实现了刷新操作。

3. KUKA RAM 存储器

　　KUKA RAM 存储器在更换时，只允许使用 KUKA 公司提供的 RAM 存储器，因为该系列的产品在出厂时已经烧制了 KUKA 专用的模块，其他品牌和型号的产品则无法在

KUKA 计算机中使用。

目前 KUKA 所用的操作系统最大支持 2 GB 的 RAM 存储器(内存)，如升级过高，将导致系统无法启动报错，如图 2-7 所示。

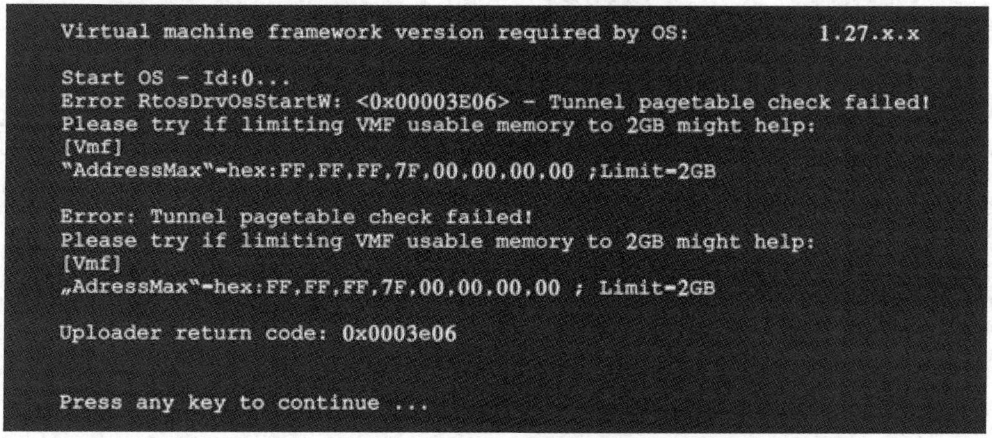

```
Virtual machine framework version required by OS:        1.27.x.x

Start OS - Id:0...
Error RtosDrvOsStartW: <0x00003E06> - Tunnel pagetable check failed!
Please try if limiting VMF usable memory to 2GB might help:
[Vmf]
"AddressMax"-hex:FF,FF,FF,7F,00,00,00,00 ;Limit-2GB

Error: Tunnel pagetable check failed!
Please try if limiting VMF usable memory to 2GB might help:
[Vmf]
„AdressMax"-hex:FF,FF,FF,7F,00,00,00,00 ; Limit-2GB

Uploader return code: 0x0003e06


Press any key to continue ...
```

图 2-7　内存过高配置报错

2.2.4　固态硬盘

固态硬盘(Solid State Disk，SSD)是一种采用固态电子存储器件进行数据存储，由闪存芯片阵列组成的存储系统。与传统机械式硬盘相比，固态硬盘的结构完全不同，它的内部没有任何机械部件，也没有高速旋转的磁碟片，所以即使在高速移动、翻转倾斜等恶劣状态下也不影响正常使用，抗震性能好，稳定性高。固态硬盘不用磁头，寻道时间几乎为零，其读写速度相对机械硬盘更快，同时省去了驱动电机带来的能量消耗和噪音，具有低功耗、无噪音和轻便等优势。此外，固态硬盘的工作温度范围非常广，一般都可以达到-10℃～70℃。目前固态硬盘全面采用全新硬盘接口规范——高速串行传输方式 SATA。

1. SATA 接口的电气特性

SATA 标准接口以光纤通道(Fiber Channel)作为物理设计蓝本，共由 7 根电缆线组成。其中，3 根为地线，用于削弱消除串行电缆间的干扰，另外 4 根作为两对差分线(1 对发送、1 对接收)进行数据传输功能。SATA 串行传输采用低压差分信号(Low Voltage Differential Signaling，LVDS)，其工作电压的峰峰值仅为 250 mV(最高 500 mV)，因此大大降低了系统的功耗，减小了系统复杂度。另外，SATA 标准接口电源供电部分由 15 根电缆线组成，分别提供 +3.3 V、+5 V 和 +12 V 电源。其管脚分配如图 2-8、表 2-1 和表 2-2 所示。

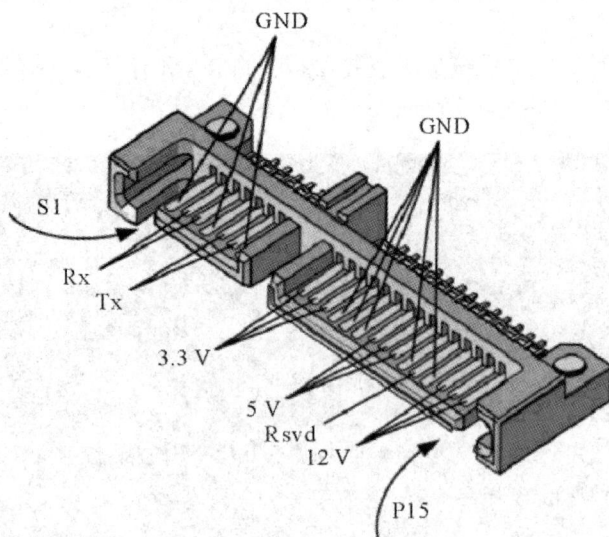

图 2-8 SATA 电气特性图

表 2-1 SATA 标准接口信号部分管脚分配

编　号	名　称	定　义
S1	GND	接地线
S2	RX+	接收差分信号对
S3	RX−	
S4	GND	接地线
S5	TX−	发送差分信号对
S6	TX+	
S7	GND	接地线

表 2-2 SATA 标准接口电源部分管脚分配

编　号	名　称	定　义
P1	+V3.3	3.3 V 电源
P2	+V3.3	3.3 V 电源
P3	+V3.3	3.3 V 电源，预充电
P4	GND	接地线
P5	GND	接地线

编　号	名　称	定　义
P6	GND	接地线
P7	+V5	5 V 电源，预充电
P8	+V5	5 V 电源
P9	+V5	5 V 电源
P10	GND	接地线
P11	Rsvd(Reseived)	保留
P12	GND	接地线
P13	+V12	12 V 电源，预充电
P14	+V12	12 V 电源
P15	+V12	12 V 电源

SATA2.0 协议可支持的数据传输速率达 3.0 Gb/s。相比 SATA1.0，SATA2.0 有很多优势：

(1) 传输速度更快。SATA2.0 串行 3.0 Gb/s，相当于并行 300 MB/s。

(2) 接口管脚仅有 7 根线，结构简单，易于热插拔，电缆连接数目少，提高了效率，降低了系统的功耗和复杂性。

(3) 支持 Hot-plug、支持真正的 SATA 指令排序(NCQ)，可以在多命令情况下，按照规则顺序完成命令，提高了在容量需求日益增大的情况下硬盘的性能和稳定性。

(4) 具有更加成熟的数据传输管理，其中包含了循环冗余检测码(CRC 码)生成器、CRC 检测器、可调的扰码器和同步对齐处理。

这些优点使得 SATA 接口确保了数据传输有效性、数据管理的可靠性、连接方式的方便性以及数据通信的高速性。

2. KUKA 硬盘的主要功能

目前 KUKA 硬盘主要使用 SSD 固态硬盘，采用 SATA2.0 接口版本，如图 2-9 所示。其具有和标准硬盘相同的接口，优点是读写速度快，可缩短系统启动的时间，且可避免工程环境恶劣(如震动、细小灰尘)造成硬盘损害和寿命缩短，从而影响系统的稳定性。其主要功能如下：

(1) 通过 SATA 实现数据传输。

(2) 可分成多个分区(一般分为 3 个分区：驱动器 C:/、驱动器 D:/和用于数据恢复的隐藏分区)。

(3) 用于存储操作系统(如 Windows XP embedded 或 Windows 7 embedded)。

(4) 用于存储 KUKA 系统软件(如故障检测软件、工艺数据包等)。

图 2-9　固态硬盘

2.2.5　计算机电源组件

直流电源(DC Power Supply)有正、负两个电极，正极电位高，负极电位低，当两个电极与电路连通后，能够使电路两端之间维持恒定的电位差，从而在外电路中形成由正极到负极的电流。单靠电荷所产生的静电场不能维持稳恒的电流，而借助于直流电源，就可以利用非静电作用(非静电力)使正电荷由电位较低的负极经电源内部返回到电位较高的正极，以维持两个电极之间的电位差，从而形成稳恒电流。因此，直流电源是一种能量转换装置，它把其他形式的能量转换为电能供给电路，以维持电流的稳恒流动。

单相小功率直流稳压电源一般由电源变压器、整流电路、滤波电路和稳压电路四部分组成。其工作过程一般为：首先由电源变压器将输入的交流电压变换为电压较低的交流电压，然后利用二极管的单向导电性将交流电压整流为单向脉动的电压，再通过电容或电感等储能元件组成的滤波电路减小其脉动成分，得到比较平滑的电压，经过整流、滤波后得到的电压易受电网波动及负载变化的影响(一般有±10%左右的波动)，并加入稳压电路，最后经过稳压输出稳定的直流电压。利用反馈等措施可维持输出直流电压的稳定。

1. 单相桥式整流电路

单相桥式整流电路如图 2-10 所示。图中 T_r 为电源变压器，它的作用是将交流电网电压 U_1 变成整流电路要求的交流电压；R_L 是要求直流供电设备的负载电阻；4 只整流二极管 $VD_1 \sim VD_4$ 接成电桥的形式，故有桥式整流电路之称。

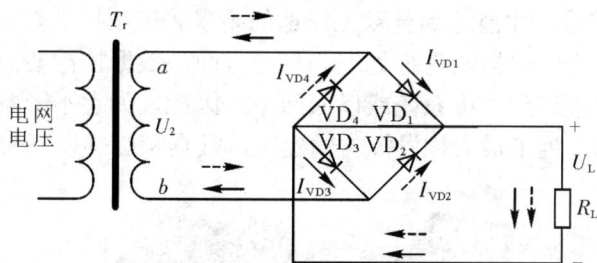

图 2-10　单相桥式整流电路

单相桥式整流电路的工作原理可分析如下：

为简单起见，二极管用理想模型来处理，即正向导通电阻为零，反向电阻为无穷大。在 U_2 的正半周，电流从变压器副边线圈的上端流出，只能经过二极管 VD_1 流向 R_L，再由二极管 VD_3 流回变压器，所以 VD_1、VD_3 正向导通，VD_2、VD_4 反向截止，在负载上产生一个极性为上正下负的输出电压，其电流通路可用图 2-10 中实线箭头表示。在 U_2 的负半周，其极性与图示相反，电流从变压器副线圈的下端流出，只能经过二极管 VD_2 流向 R_L，再由二极管 VD_4 流回变压器，所以 VD_1、VD_3 反向截止，VD_2、VD_4 正向导通。电流流过 R_L 时产生的电压极性仍是上正下负，与正半周时相同。其电流通路如图 2-10 中虚线箭头所示。这样就完成了整流电路的功能，U_L 端输出的为直流电压。

2. KUKA 计算机电源

KUKA 计算机电源的主要功能是给计算机主板、硬盘和机箱风扇供电。特别要注意的是，KUKA 使用的电源为 27 V，不能用常用的 230 V 电源替换。

2.2.6　网卡

网卡是各个计算机进行连接并且传输网络介质的接口，它是工作在数据链路层的网路组件，基本功能是实现与以太网传输介质之间的物理连接和电信号匹配，如图 2-11 所示。除此之外，它还实现了数据帧的接收和发送、介质的访问控制、数据帧的封装与拆封、数据的编码和数据缓存等功能。随着光纤通信技术和 Internet 技术的高速发展，网络带宽的发展速度异常迅速，从最初的 10 M 以太网，再到 100 M 以太网、1000 M 以太网，直到 2002 年 7 月 10 000 M 以太网在 IEEE 通过，网络带宽的速度经过了里程碑式的跨越。网络带宽速度的飞跃式提升，对计算机连入高速网络的网络接口卡(NIC)提出了非常高的要求，高速网卡应运而生。高速网卡是指数据传输速率能够达到 1000 Mb/s 甚至 10 000 Mb/s 的网卡，一般采用 32/64 位 PCI 总线，能够提供光纤传输介质接口，同时，集成化的通信控制芯片能有效缓解 CPU 的数据处理压力，并且提供数据流优先级、电源管理和 VLAN 标记等多种智能处理能力。一个 10 Gb/s 的高速网卡必须能够支持至少 4.8 Gb/s 的控制帧带宽和

39.5 Gb/s 的数据帧带宽，才能达到全双工线速的要求。控制帧必须先被处理器访问，随后才能对收到或即将发送的数据帧进行处理。另一方面，数据帧需要短暂地存储到接收或者发送缓冲区中，等待被送到主机系统或以太网中。因此，为了不影响网卡的性能，控制帧必须低延迟地被传输，为了最大化发挥传输速度，数据帧必须以高带宽进行传输。

图 2-11　控制柜计算机网卡

　　网卡的基本结构主要包括系统接口、隔离变压器、PHY 芯片(物理层的芯片)、MAC 芯片(网卡中数据链路层的芯片)、EEPROM、BOOTROM 插槽、WOL 接头、晶振、电压转换芯片、LED 指示灯等部分。

　　KUKA 使用的网卡主要包括开放系统互连模型的两个层：物理层和数据链路层。物理层定义了数据传送与接收所需要的电与光信号、线路状态、时钟基准、数据编码和电路等，并向数据链路层设备提供标准接口。数据链路层则提供寻址机构、数据帧的构建、数据差错检查、传送控制、向网络层提供标准的数据接口等功能。

　　自 2015 年之后，KUKA 的网卡不单独生产，直接集成在主板上。

2.2.7　静电产生与电器元件抗静电能力

　　在机器人控制柜计算机中，大多数元器件都是静电放电(ESD)高度敏感元件，静电放电发生之后，不仅可以使电子元件彻底损坏，而且还可导致集成电路或元件局部受损，并进而缩短设备使用寿命或者偶尔干扰其他无损元件的正常运作。目前主流的方法是先将手放到导电的物体上放电或者用水洗手后擦干，然后佩戴防静电手环，如图 2-12 所示。

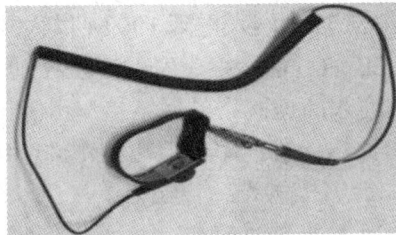

图 2-12　防静电手环

人体内静电的产生,与身着不同材料的衣物和环境中的湿度有直接关系,如图 2-13 所示。

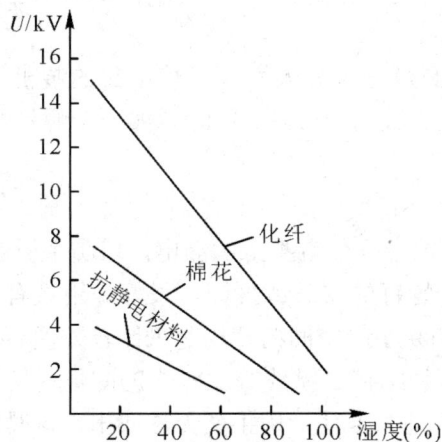

图 2-13　静电荷、环境湿度与材料之间的关系

不同元件之间防静电能力也有所不同,如表 2-3 所示。

表2-3　元器件电压等级

元　件	电　压/V
只读存储器 EPROM	100
MOSFET 场效应管	100～200
放大器	100～2500
运放放大器	140～7000
CMOS 芯片	250～3000
二极管	300～2500
薄厚膜混合集成电路	300～3000
双极晶体管	300～7000
肖特基 TTL	1000～2500

2.3　项目实施

2.3.1　安装前的准备

1. 计算机安装的配件

KUKA 机器人计算机的配件标准配置由主板、CPU、CPU 散热器、内存条、网卡(主板集成)、硬盘、机箱电源、机箱风扇、数据线和电源线组成。

2. 装机工具

目前，各种硬件卡口的设计十分人性化，使用到的装机工具很少，但十字螺丝刀和防静电手环是必备的装机工具，至于其他的工具(如一字螺钉刀、尖嘴钳和镊子等)则并非必备。

各种装机工具的作用如下：

(1) 防静电手环：用于放掉操作者身上的静电，以防主板及配件被静电损坏。

(2) 十字螺丝刀：用于螺钉的安装或拆卸，最好是用带有磁性的螺丝刀，这样安装螺钉时可以将其吸住，在机箱狭小的空间内使用起来比较方便。

(3) 镊子：用来夹取各种螺钉、跳线等比较小的配件。例如，在安装过程中一颗螺丝掉入机箱内部，并且被一个地方卡住，用手又无法取出，这时镊子就派上了用场。

(4) 尖嘴钳：主要用来拆卸机箱后面的挡板或挡片。不过，现在的机箱多数都采用断裂式设计，用户只需要用手对折几次，挡板或挡片就会断裂脱落。当然，使用尖嘴钳会更加方便。

(5) 散热膏(硅脂)：将散热膏涂抹在 CPU 上，使 CPU 和散热片之间更好地接触，以增强硬件的散热效果。在选购时一定要购买优质的导热硅脂。

2.3.2　计算机主板安装注意事项

在组装计算机前，为避免人体所携带的静电会对精密的电子元件或集成件电路造成损伤，还要先清除身上的静电。例如，用手摸一摸铁制水龙头或者用湿毛巾擦手，最保险的方式是佩戴防静电手环。

在组装过程中，要对计算机各种配件轻拿轻放，在不知道怎样安装的情况下仔细查看说明书，严禁粗暴装卸配件。在安装需螺钉固定的配件时，在拧紧螺钉前一定要检查安装是否对位，否则容易造成板卡变形、接触不良等情况。另外，在安装那些带有引脚的配件时，也应该注意安装是否到位，避免安装过程中引脚断裂或变形。在对各个配件进行连接时，应该注意插头、插座的方向，如缺口、倒角等。插接的插头一定要完全插入插座，以保证接触可靠。另外，在拔插时不要抓住连接线拔插头，应捏住插头进行插拔，以免损伤连接线。

上述这些问题在装机过程中经常会遇到，稍不小心就会对计算机造成很大的损伤，操作人员在组装计算机时应多加注意。

2.3.3　计算机安装与调试

1. 安装 CPU 与散热器

CPU 的安装，即在主板处理器插座上插入所需的 CPU 配件，并安装 CPU 散热风扇，其具体的安装步骤如下：

(1) 用湿毛巾擦拭一下手，佩戴好防静电手环，将防静电手环的另一端夹在可靠接地的工作平台 PE 线处。

(2) 将主板从防静电包装中取出，并平放到工作台上，主板下面最好垫上一层胶垫，避免在安装 CPU 散热风扇时，损坏主板背面的引脚。

(3) 在板上安装 CPU 的插座，将插座旁边的手柄轻微向外掰开，同时抬起手柄，此时 CPU 插座会向旁边发生轻微侧移，这表明 CPU 可以插入了，如图 2-14 所示。

(4) 将 CPU 从包装盒中取出后，观察 CPU 的 4 个角，其中有一个角的表面上有个三角标记，而在主板的 CPU 插座上面也有对应的三角标记，将 CPU 引脚向下，按照三角标记的方向，将 CPU 放入 CPU 插座中，如图 2-15 所示。

图 2-14　CPU 插座	图 2-15　CPU 引脚方向

(5) 在 CPU 表面均匀涂抹热硅胶，注意涂抹硅胶要适量，过少散热效果差，过多硅胶将会在安装散热器时被挤压溢出到 CPU 卡槽中。这样 CPU 就安装好了。

2. 安装 CPU 散热器

正确安装 CPU 之后，接下来就要安装 CPU 散热器。KUKA 计算机 CPU 散热片为铝制薄片层叠结构，边缘非常软，安装过程中一定要注意轻拿轻放，避免碰撞和压弯。安装 CPU 散热器的主要步骤如下：

(1) 取出 CPU 散热器，然后将散热器对齐放到 CPU 支架上，使之与涂抹散热膏的 CPU 紧密接触。接着，将散热器两边的金属扣挂在支架对应的卡口内。

(2) 在确定挂钩已经挂在支架上后，将 CPU 风扇的手柄用力下压，使散热块与 CPU 紧密结合。在下压手柄的过程中，如果风扇倾斜，一定要停止下压，并检查两侧风扇挂钩是否挂好。另外，在安装过程中不要用力过猛，以免造成损伤。

(3) CPU 散热器固定完成后，将散热器上面的四角用自带的螺丝固定，固定螺丝时要保证散热器与 CPU 平面平行，固定时以对角固定方式，先紧对角螺丝，但不要紧到底，保留一定余量，当四角都初步固定之后，再进行紧固，这样 CPU 散热器就安装好了，如图 2-16 所示。固定过程中注意不要用力过大，螺丝刀不要刮到主板，以免造成主板损坏。

3. 安装主板

接下来将主板装到机箱里，并安装好机箱的风扇，具体操作步骤如下：

(1) 打开机箱并将其平稳地放在桌面上，找到机箱内存安装主板类型的螺钉孔。

(2) 取出机箱提供的主板垫脚螺母(铜柱)和塑料钉，旋入螺钉孔中。固定主板所使用的垫脚螺母和其他的螺钉不一样，一般是黄色的铜柱。

(3) 将机箱上 I/O 接口的密封片撬掉，并安装由主板提供的 I/O 接口挡板。在去掉这些密封片的过程中，可以首先使用平口螺丝刀将其顶部撬开，然后用尖嘴钳将其掰下。对于机箱背部的挡板，可以根据安装的外加板卡多少来决定，不要将所有挡板都取下。

(4) 将主板一侧倾斜，并用手拖住将其放置到机箱内部。在放置过程中，一定要注意机箱后面的挡板与主板端口要对齐。

(5) 放置后，观察主板上的螺钉孔是否与刚拧上的垫脚螺母(铜柱)对齐。待检查主板放置无误后，使用螺钉将主板固定到机箱上，这样主板就安装好了，如图 2-17 所示。

(6) 主板安装到机箱后，将机箱立起来，检查机箱内是否有多余的螺钉或其他小杂物。

图 2-16　CPU 散热器的紧固　　　　　　　　图 2-17　主板紧固螺丝位置

4. 安装机箱风扇

(1) 按风扇电源线出口处向下的方向将风扇插入网栅当中，对齐风扇和网栅上面的安装孔，利用栓塞将风扇固定在网栅上，如图 2-18 所示。

(2) 将风扇电源线插到主板对应的风扇电源卡槽之中，如图 2-19 所示。这样风扇就安装完成了。

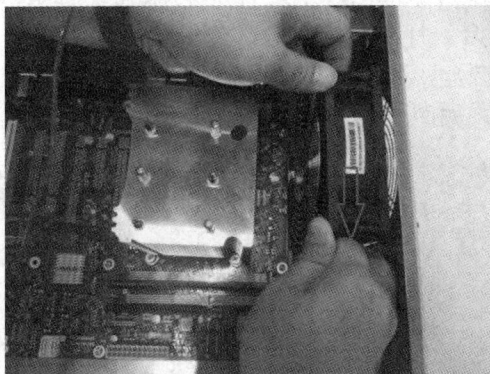

图 2-18　机箱风扇安装

图 2-19　风扇电源卡槽

5. 安装内存条

KUKA 计算机主板上的内存条插槽为双通道，颜色为黑色，可以安装两条规格相同的内存条，但注意 KUKA 计算机目前只支持不超过 2 GB，如配置过高将出现报错。内存条安装的具体操作步骤如下：

(1) 取出准备好的内存条，先仔细观察，内存条的下边有一个凹槽，两边也分别有卡槽，注意卡槽的位置和方向。

(2) 在主板上找到内存条的插槽，如图 2-20 所示。我们可以发现内存插槽分别有一个卡子，并且在内存插槽中间还有一个隔断。用双手把内存条插槽两端的卡子向两侧掰开。

(3) 将内存条中间的凹槽对准内存卡槽上的阻隔，平行地将内存条放入内存条插槽内，并轻轻地用力按下内存条，如图 2-21 所示。听到"咔"的一声响后，内存插槽两端的卡子恢复到原位，说明内存条安装到位。

图 2-20　内存条卡槽

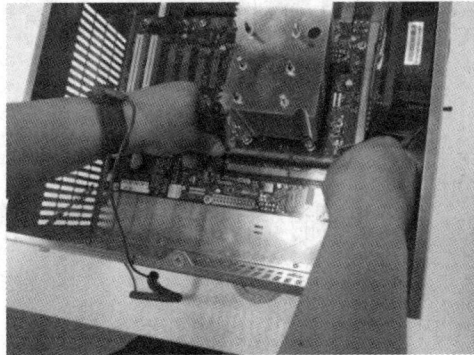

图 2-21　内存条安装

6. 电源安装

计算机电源在机箱底部，KUKA 机箱电源没有散热的风扇，电源有专门的一个散热盒，散热盒的网孔与主机机箱的网孔在机箱底部重合。计算机电源具体安装步骤如下：

(1) 取出电源配件，将电源配件安装进电源盒，如图 2-22 所示。

(2) 利用螺钉将电源配件固定在散热盒中，如图 2-23 所示。

图 2-22　电源配件

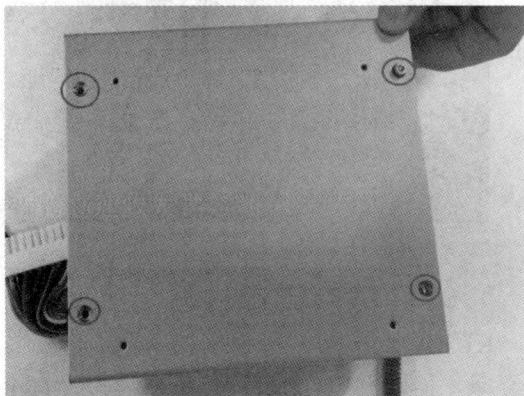

图 2-23　电源配件安装

(3) 电源散热盒没有固定螺丝的 4 个螺钉孔的那一面向外，放入机箱内部。在放入过程中，对准机箱上电源的固定位置，将 4 个螺钉孔对齐。

(4) 左手控制好电源的位置，右手使用螺丝刀将 4 个螺钉拧上。需要注意的是，刚开始无须拧紧螺钉，待所有螺钉都拧上后，再依次按照对角线方式拧紧 4 个螺钉，以保证电源安装绝对稳固，这样电源就安装完成了。

7. 硬盘安装

KUKA 机器人控制柜计算机当中，有固定尺寸的硬盘盒，需要将硬盘安装在硬盘盒中后再安装到机箱上，具体安装步骤如下：

(1) 将硬盘盒开口方向向上立于工作台上。

(2) 将硬盘从包装盒中取出，按照电源接口向外的方向装入硬盘盒，装入之后，观察硬盘盒与硬盘的安装孔是否对准，对准之后，依次按照对角线方式拧紧 4 个螺钉。

(3) 将硬盘盒的安装孔与机箱外壁的孔对准，从机箱外面按照对角线方式拧紧 4 个螺钉。

8. 内部电源线和数据线连接

计算机组件固定在机箱之后，剩下的工作就是将各种组件的电源线和数据线连接好，计算机的安装就完成了。计算机机箱内部的电源线和数据线如图 2-24 所示。

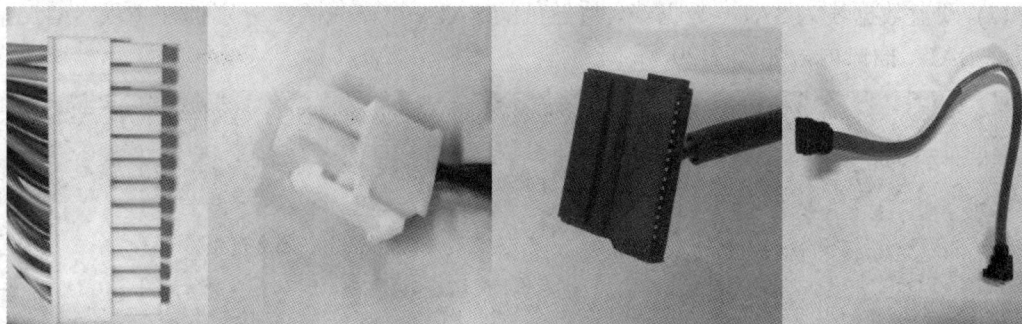

图 2-24　电源线与硬盘数据线接口

1) 主板供电线路的连接

(1) 在主板上可以找到一个长方形的插槽，KUKA 计算机主板供电的接口为 24 针，从机箱电源的电源线中找到比较宽大的两排共 24 孔电源插头，如图 2-25 所示。

(2) 用手捏住 24 孔电源插头，对准主板的供电接口，缓缓地用力向下压，如图 2-26 所示。听到"咔"的一声时，表明插头已经插好。

图 2-25　主板电源供电接口

图 2-26　插头安装

2) CPU 供电线的连接

KUKA 计算机主板上有一个单独给 CPU 供电的 12 V 接口，类型为 4 针。用手捏住 4 孔电源插头，对准 CPU 的供电接口，缓缓地用力向下压，如图 2-27 所示。听到"咔"的一声时，表明插头已经插好。

3) 硬盘电源线和数据线的连接

(1) 硬盘电源线接法与前面所讲的基本相似，将硬盘电源线插头插在硬盘电源接口处即可，如图 2-28 所示。

(2) 硬盘数据线为 SATA 数据线，将红色的 SATA 接口线两头分别插在主板 SATA 插口和硬盘 SATA 插口内，如图 2-29 所示。

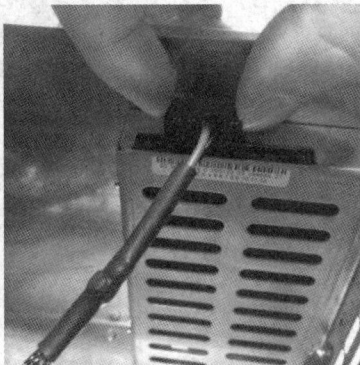

图 2-27　CPU 电源供电接口安装　　图 2-28　硬盘供电接口安装　　图 2-29　硬盘数据线接口安装

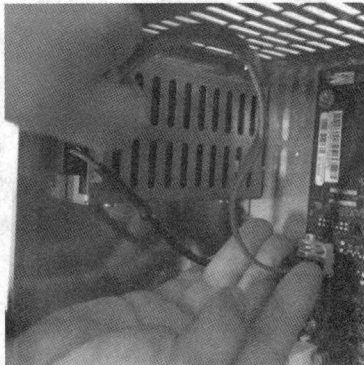

9. 机箱安装

所有组件、电源线和数据线安装完毕后，需要盖上机箱盖板，并将其固定在控制柜柜门的内壁上。机箱安装的具体操作步骤如下：

(1) 用螺丝固定好盖板，如图 3-30 所示。

(2) 将机箱整体挂在机器人控制柜柜门内壁上，并用螺丝固定，如图 3-31 所示。

(3) 将计算机机箱供电电源线插在机箱上。

图 2-30　机箱盖板安装　　　　　图 2-31　控制柜计算机机箱安装

10. 通电调试

通电测试，如能顺利开机，则机器人控制柜计算机安装完毕。

2.4　拓展与习题

1. 拓展项目

有一台 KUKA 机器人无法正常启动，打开控制柜门后听到控制柜计算机发出"嘀嘀嘀"的声音，打开计算机外盖板，发现 CPU 风扇正常运转，电源风扇正常工作，试判断故障并维修。

2. 习题

(1) 机器人控制柜计算机由哪些部分组成？

(2) 防静电手环有什么作用，如果工作现场没有防静电手环怎么办？

(3) 安装控制柜计算机需要哪些工具？

(4) 安装主板有什么注意事项？

(5) 控制柜计算机内部有几种电源线和数据线？

(6) 插拔主板上的插头时有什么注意事项？

(7) 控制柜计算机正确的拆装顺序是什么？

项目三　机器人控制柜安装与调试

(1) 熟悉 KUKA 机器人控制柜结构与功能；

(2) 掌握 KUKA 机器人控制柜内各部件名称及作用；

(3) 掌握 KUKA 机器人控制柜内部元件安装方法及注意事项。

3.1　项目任务

3.1.1　项目描述

机器人控制柜是整个机器人控制系统的核心，其中包括中控制柜控制系统、机器人控制柜电源系统、机器人运动供电及伺服控制、监控系统、数据存储模块、安全系统、总线及接口系统、控制柜保护部件和通风散热等部分。将各系统合理、正确地搭建在一起以及进行故障排除，是一名机器人电气安装与维护人员必须掌握的一项技能。本项目任务就是在遵守安全操作流程的情况下，实现机器人控制柜内部部件及线路的安装，并通过调试，实现系统的正确运行。

3.1.2　工作任务

通过 KUKA 控制柜配件表，正确选择配件完成 KUKA 机器人控制柜的安装与调试。

3.2　相关知识点学习

3.2.1　工业机器人系统的结构

机器人控制柜的基本组成如图 3-1 和图 3-2 所示。

1—主开关；2—电源滤波器；3—配电模块 KPP；4—伺服驱动模块 KSP；

5—控制柜控制板 CCU；6—安全接口板 SIB；7—接线面板；8—控制系统操作面板；

9—蓄电池；10—制动滤波器；11—控制柜计算机

图 3-1　机器人控制柜正面图

1—镇流电阻；2—驱动电源、伺服驱动器散热片；3—压力平衡阀；

4—低压 27 V 电源；5—外部风扇

图 3-2　机器人控制柜后视图

3.2.2　控制柜控制板(CCU)

控制柜控制板(Cabinet Control Unit，CCU)由两块电路板组成，分别为电源管理板(Power Management Board，PMB)和控制柜接口板(Cabinet Interface Board，CIB)，如图 3-3 所示。

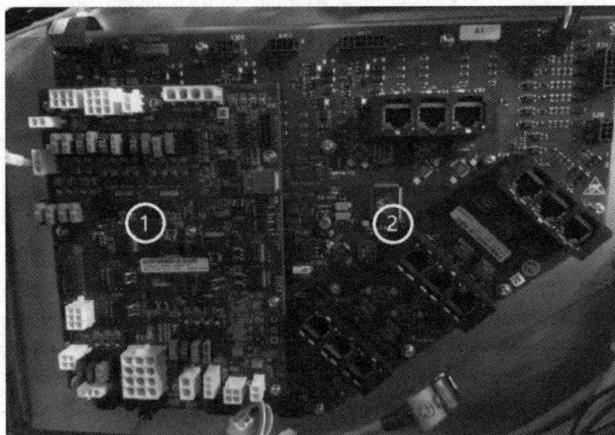

①—电源管理板；②—控制柜接口板

图 3-3　CCU 的结构

CCU 是控制柜控制系统当中为配电模块(KPP)、伺服驱动模块(KSP)、安全接口板(SIB)、控制柜计算机(KCP)、旋转变压器数字转换器(RDC)、电子数据存储器(EDS)、SmartPAD 和控制面板等所有组件提供电能分配和数据传输的接口。所有设备的配电都由 CCU 来控制，控制形式包括缓冲式供电和非缓冲式供电。设备之间通信的数据都通过 CCU 接收和传输，可以说是一个中转设备，没有 CCU 就无法实现控制系统之间各个部件的通信。当系统断电时，控制柜计算机、RDC 等需要数据处理、存储和备份的设备并不能立即断电，CCU 控制控制柜中的蓄电池持续给这些设备供电，直至这些设备完成数据存储为止。蓄电池的电池管理和监控也由 CCU 控制。综上所述，CCU 的主要功能如下：

(1) CCU 是机器人控制系统中所有模块的配电和通信接口；

(2) CCU 是所有数据内部传输给控制系统的中转站；

(3) 系统断电后，CCU 可控制蓄电池给需要的设备供电并关闭控制系统；

(4) CCU 是蓄电池的管理和监控装置。

1. 控制柜接口板

CIB 主要负责 CCU 功能的通信接口、数据传输、温度监控以及外部设备的总线接口部分，总结起来有以下功能：

(1) 用作机器人控制系统单元模块的通信接口(如 KPP、KSP、SIB、EDS 和 RDC 等之间的通信接口)；

(2) 用作安全输入端和输出端(如机器人的零点复位信号输入、操作人员安全防护装置信号输入、外部确认装置信号输入、控制柜的急停按钮信号输入等)；

(3) 用作用户应用程序测量输入端；

(4) 监测控制柜主开关触点信号；

(5) 监控控制柜风扇和计算机中的风扇转速；

(6) 采集温度数据数字量(如变压器温度传感器数据、镇流电阻温度传感器和柜内温度传感器数据)；

(7) 将控制系统组件通过控制总线(KCB)与控制系统计算机相连(如 KPP、KSP、RDC 和 EDS 等)；

(8) 将系统设备通过系统总线(KSB)与控制系统计算机相连(如 SmartPAD 和 SIB 等)；

(9) 连接控制面板故障指示灯。

2. 电源管理板

PMB 主要负责 CCU 的配电功能，主要控制形式包括缓冲式供电和非缓冲式供电。

(1) 缓冲式供电(如 KPP、SmartPAD、控制系统操作面板(CSP)和 RDC 等)；

(2) 非缓冲式供电(如 KSP、各轴电机制动器、外部风扇、外部快速检测口、用户接口等)。

3. CCU 接口

CCU 接口主要分为电源输入接口、电源输出接口、KCB 接口、KSB 接口、SIB 接口、KEB 接口、KLI 接口和 KSI 接口。其具体接口名称与说明如图 3-4 和表 3-1 所示。

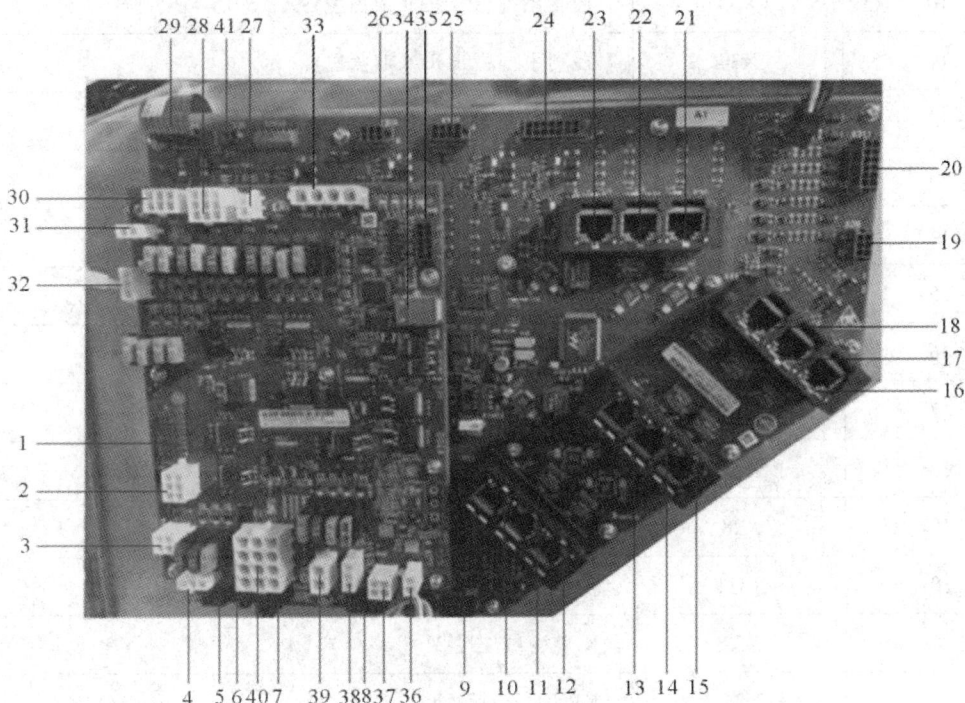

图 3-4　CCU 的接口

表 3-1　CCU 接口说明

序号	插头	说　明
1	X1700	线路板插口连接
2	X308	外部电源电压桥接
3	X14	外部风扇接口
4	X15	控制柜内部风扇
5	X27	冷却器的信号触点
6	X26	变压器的热效自动开关
7	X11	主开关的信号触点
8	X23	快速测量输入端
9	X25	备用
10	X33	控制系统总线 RDC2(白色)
11	X34	控制系统总线 RDC1(蓝色)
12	X45	KUKA 系统总线 RoboTeam(橙色)
13	X46	KUKA 系统总线 RoboTeam(绿色)
14	X47	预留(黄色)
15	X44	EtherCAT 接口(KUKA 扩展总线)(红色)
16	X43	KUKA 服务接口(KSI)(绿色)
17	X42	KUKA SmartPAD 操作面板接口(黄色)
18	X41	KUKA 系统总线 KPC(红色)
19	X28	零点复归测试
20	X311	安全输入端, 外部确认装置; 箱柜上的急停按钮
21	X32	KPP 总线(白色)
22	X31	KPC 总线(蓝色)

序号	插头	说　　明
23	X48	安全接口板(SIB)(橙色)
24	X310	备用(安全输入端 2/3，安全输出端 2/3)
25	X312	负载电压接触器 US2 控制接口
26	X309	主接触器 1(HSn，HSRn)接口
27	X22	备用电源
28	X5	客户接口 X55(Switch)上的内部电压
29	X29	EDS 存储卡接口
30	X3	KSP 和制动装置
31	X302	SIB 电源
32	X306	SmartPAD 电源
33	X4	KPP、KPC 和 PC 风扇的电源电压
34	X307	CSP 电源
35	X12	USB
36	X21	RDC 电源
37	X305	蓄电池
38	X6	客户接口上的 US2
39	X301	客户接口上的 US1
40	X1	由低压电源供电
41	X30	镇流电阻温度监控器

4. PMB 保险分布

　　PMB 的主要功能是负责 CCU 的配电功能，所有设备的配电都由 PMB 来控制。在控制系统工作时，控制板以及其配电的设备都会流过电流，根据不同设备工作电流不同，其电流的大小也不同。为了保护电路管理板和所配电设备的安全，当设备出现故障或者干扰时，可能会产生高于额定工作时的尖峰电流或过载电流，这样可能会对电路板和控制系统的设备造成损坏，这就要求有保险功能。PMB 为主板和控制系统模块设备提供了保险装置。保险装置在主板的分布位置不同，其保险丝额定电流也不相同。保险装置的分布位置和各部件的保险容量如图 3-5 和表 3-2 所示。

图 3-5　PMB 保险装置分布

表 3-2 PMB 保险装置分布及规格说明

序号	名称	说 明	保险丝
1	F306	SmartPAD 电源	2 A
2	F302	SIB 电源	5 A
3	F3.2	KPP1 非缓冲式逻辑电路	7.5 A
4	F3.1	KPP1 非缓冲式制动	15 A
5	F5.2	KPP2 非缓冲式逻辑电路	7.5 A
6	F5.1	KPP2 非缓冲式制动	15 A
7	F22	配电箱照明(选项)	7.5 A
8	F4.1	KPC 缓冲型	10 A
9	F4.2	KPC 缓冲式风扇	2 A
10	F307	CSP 电源	2 A
11	F21	RDC 电源	3 A
12	F305	蓄电池供电	15 A
13	F6	24 V 非缓冲式(选项)US1	7.5 A
14	F301	(选项)US2	10 A
15	F15	内部风扇(选项)	2 A
16	F14	外部风扇	7.5 A
17	F308	缓冲式外部电源的内部供电	7.5 A
18	F17.1	CCU 接触器输出端	5 A
19	F17.2	CCU 输入端	2 A
20	F17.3	CCU 逻辑电路	2 A
21	F17.4	CCU 安全输入端	2 A

5. CCU 指示灯

为了使机器人控制系统维护或维修人员能够迅速判断出 CCU 的故障,KUKA 控制板上面提供了通信和配电等信号指示系统。CCU 主板上面集成了 LED 显示灯,系统各个部件正常运行和故障在 CCU 主板上都能很直观地观察到。LED 显示灯的具体排布和功能说明如图 3-6 和表 3-3 所示。

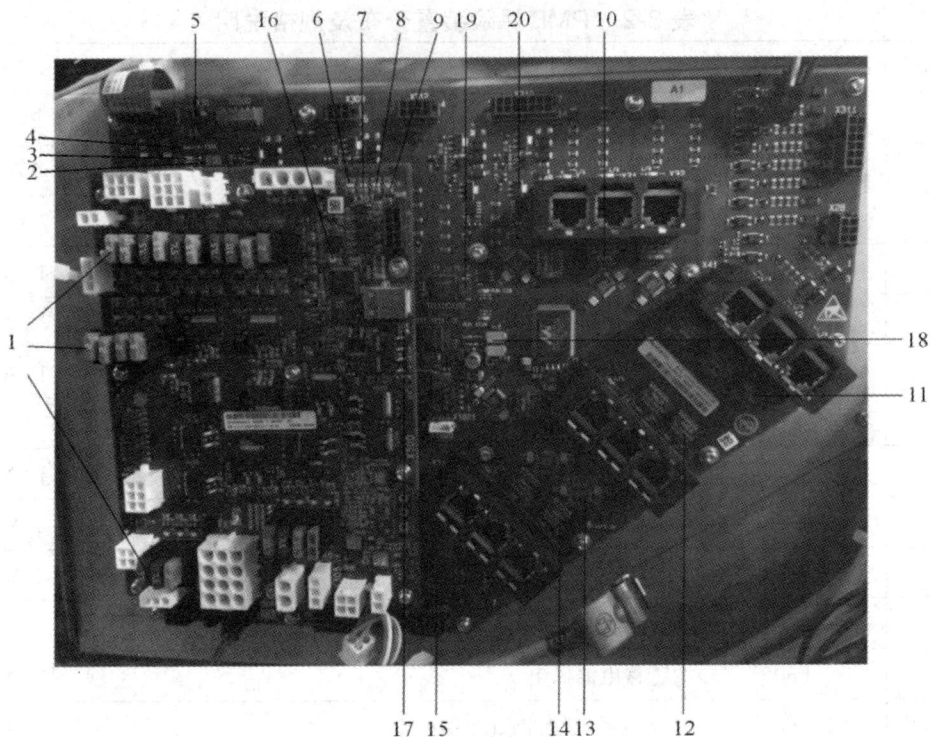

图 3-6　CCU 指示灯分布

表 3-3　CCU 指示灯功能说明

序号	名称	颜色	说　明	补救措施
1	保险装置状态 LED 指示灯	红色	亮 = 保险装置损坏	更换已经损坏的保险装置
			灭 = 保险装置正常	—
2	PWRS/3.3 V	绿色	亮 = 电源存在	—
			灭 = 无电源存在	· 检查保险装置 F17.3； · 如果 LED PWR/3.3V 亮起，则更换 CCU 组件
3	STAS2 安全节点 B	橙色	灭 = 无电源存在	· 检查保险装置 F17.3； · 如果 LED PWR/3.3 V 亮起，则更换 CCU 组件
			以 1 Hz 闪烁 = 状态正常	—
			以 10 Hz 闪烁 = 启动阶段	—

序号	名称	颜色	说　明	补救措施
3	STAS2 安全节点 B	橙色	闪烁 = 错误代码(内部)	检查 X309、X310 和 X312 的接线。为了测试,将 X309、X310、X312 的接线拔掉,然后关闭并重新接通控制系统。如果故障仍然存在,则更换板卡
4	STAS1 安全节点 A	橙色	灭 = 无电源存在	· 检查保险装置 F17.3; · 如果 LED PWR/3.3 V 亮起,则更换 CCU 组件
			以 1 Hz 闪烁 = 状态正常	—
			以 10 Hz 闪烁 = 启动阶段	—
			闪烁 = 错误代码(内部)	检查 X309、X310 和 X312 的接线。为了测试,将 X309、X310、X312 的接线拔掉,然后关闭并重新接通控制系统。如果故障仍然存在,则更换板卡
5	FSoEEtherCAT 连接的安全协议	绿色	灭 = 未激活	—
			亮 = 功能就绪	—
			闪烁 = 错误代码(内部)	—
6	27 V 主电源件的非缓冲电压	绿色	灭 = 无电源存在	检查 X1 的供电(额定电压为 27.1 V)
			亮 = 电源存在	—
7	PS1 Power Supply1 电压 (短时缓冲)	绿色	灭 = 无电源存在	· 检查X1的供电(额定电压为27.1 V); · 关断驱动总线(BusPowerOff)
			亮 = 电源存在	
8	PS2 Power Supply2 电压 (中时缓冲)	绿色	灭 = 无电源存在	· 检查 X1 的供电; · 控制系统处于休眠状态
			亮 = 电源存在	
9	PS3 Power Supply3 电压 (长时缓冲)	绿色	灭 = 无电源存在	检查 X1 的供电
			亮 = 电源存在	—
			闪烁 = 错误代码(内部)	更换 CCU 组件

序号	名称	颜色	说　明	补救措施
10	L/A KSB(SIB)	绿色	亮 = 有物理连接，网线已插入 关 = 无物理连接，网线未插入 闪烁 = 线路上正进行数据交换	—
	L/A KCB(KPC)	绿色		
	L/A KCB(KPP)	绿色		
11	L/A	绿色		
	L/A	绿色		
	L/A	绿色		
12	L/A	绿色		
	L/A	绿色		
	L/A	绿色		
13	PWR/3.3 V CIB 的电压	绿色	灭 = 无电源存在 亮 = 电源存在	• 检查保险装置 F17.3 • 检查电桥插头 X308 • 检查保险装置 F308 • 接通 X308 电源，检查外部电源的电压(额定电压为 24 V)
14	L/A	绿色	亮 = 有物理连接 关 = 无物理连接，网线未插好 闪烁 = 线路上正进行数据交换	—
	L/A	绿色		
	L/A	绿色		
15	STA1(CIB) μC-IO 节点	橙色	灭 = 无电源存在	• 检查保险装置 F17.3 • 如果 LED PWR/3.3 V 亮起，则更换 CCU 组件
			以 1 Hz 闪烁 = 正常状态	—
			以 10 Hz 闪烁 = 启动阶段	—
			闪烁 = 错误代码(内部)	更换 CCU 组件

序号	名称	颜色	说　明	补救措施
16	STA1(PMB) μC-USB	橙色	灭＝无电源存在	• 检查 X1 的供电 • 如果 LED PWR/5 V 亮起，则更换 CCU 组件
			以 1 Hz 闪烁＝正常状态	—
			以 10 Hz 闪烁＝启动阶段	—
			闪烁＝错误代码(内部)	更换 CCU 组件
17	PWR/5V PMB 的供电	绿色	灭＝无电源存在	检查 X1 的供电(额定电压为 27.1 V)
			以 1 Hz 闪烁＝正常状态	
			以 10 Hz 闪烁＝启动阶段	—
			闪烁＝错误代码(内部)	
18	STA2 FPGA 节点	橙色	灭＝无电源存在	• 检查 X1 的供电 • 如果 LED PWR/3.3 V 亮起，则更换 CCU 组件
			以 1 Hz 闪烁＝正常状态	—
			以 10 Hz 闪烁＝启动阶段	—
			闪烁＝错误代码(内部)	
19	RUN SION EtherCAT 安全节点	绿色	亮＝可使用(正常状态)	—
			灭＝初始化(开机后)	
			以 2.5 Hz 闪烁＝试运转(启动时的中间状态)	—
			单一信号＝安全运转	—
			以 10 Hz 闪烁＝启动(用于固件更新)	
20	RUN CIB EtherCAT ATμC-IO 节点	绿色	亮＝可使用(正常状态)	—
			灭＝初始化(开机后)	
			以 2.5 Hz 闪烁＝试运转(启动时的中间状态)	
			单一信号＝安全运转	—
			10 Hz＝启动(用于固件更新)	—

3.2.3 控制系统操作面板(CSP)

1. CSP 接口功能

控制系统操作面板(Controler System Panel，CSP)面板上有两个 USB 接口和一个通信接口，如图 3-7 所示。USB 的功能主要是用户与控制柜计算机进行数据交互和系统恢复与还原。可以通过 USB 接口将机器人的所有用户自定义的程序模块以及相应的系统文件、系统参数数据、运行日志文件和系统故障分析包等数据存储在 U 盘中，也可以将这些存储在 U 盘中的数据拷贝到机器人系统中。库卡机器人专用系统还原 U 盘也是通过此端口进行使用的。通信接口为线路接口和服务接口，可连接笔记本电脑等外接设备对机器人进行操作与维护。

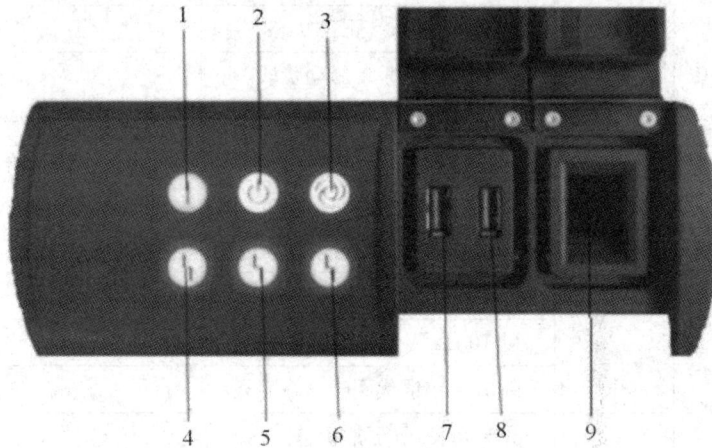

图 3-7 控制系统操作面板

2. CSP 状态指示灯

控制系统操作面板上面有 6 个 LED 指示灯，其中有 1 个绿色 LED 灯、2 个白色 LED 灯和 3 个红色 LED 灯，其名称及含义如表 3-4 所示。

表 3-4 控制面板显示与含义

序号	工 件	颜色	含 义
1	LED 指示灯 1	绿色	运行 LED 指示灯
2	LED 指示灯 2	白色	休眠模式 LED 指示灯
3	LED 指示灯 3	白色	自动模式 LED 指示灯
4	LED 指示灯 4	红色	故障 LED 指示灯 1
5	LED 指示灯 5	红色	故障 LED 指示灯 2
6	LED 指示灯 6	红色	故障 LED 指示灯 3

序号	工件	颜色	含　义
7	USB1		控制柜计算机 USB 接口 1
8	USB2		控制柜计算机 USB 接口 2
9	通信接口		KLI 和 KSI 接口

CSP 指示灯的各种组合能够表示系统的状态和故障情况，设备操作、维修和维护人员可以直观地观察系统的工作状态，指示灯指示的显示组合和功能如表 3-5 所示。

表 3-5　CSP 状态指示灯和功能

功　能	说　明	状　态
控制系统状态	LED1 缓慢闪烁 LED2～LED6 = 熄灭 主开关 = 亮	控制系统启动
	LED1 缓慢闪烁 LED2～LED6 = 熄灭 主开关 = 亮 PM 服务已启动	HMI 还未载入或 RTS 不"运行"
	LED1 = 亮 LED3 = 任意状态 LED2，LED4～LED6 = 熄灭 启动结束，没有错误	SM 处于"运行"状态，HMI 和 Cross 运行
	LED1 = 亮 LED3 = 任意状态 LED2，LED4～LED6 = 熄灭 主开关 = 熄灭 尚未出现电源故障(Powerfail)超时	控制系统尚未关机
	LED1 缓慢闪烁 LED2～LED = 熄灭 主开关 = 熄灭 已出现电源故障(Powerfail)超时	控制系统关机
	LED1 缓慢闪烁 LED2～LED6 = 熄灭 SoftPowerDown	控制系统关机

续表

功　能	说　明	状　态
CSP 测试	所有 LED 在接通后亮起 3 s，然后熄灭	CSP 工作正常
睡眠模式	LED2 缓慢闪烁	控制器处于 Sleep Mode(睡眠模式)运行方式
	LED1 缓慢闪烁	控制器从 Sleep Mode(睡眠模式)中恢复
通信测试	LED1 = 亮 LED4 缓慢闪烁 LED5 缓慢闪烁 LED6 缓慢闪烁	ProfiNet Ping 被执行
运行状态	LED1 = 亮 LED3 = 亮	控制系统处于自动运行方式
	LED1 = 亮	控制系统处于非自动运行方式
保养	LED1 = 亮 LED4 缓慢闪烁 LED2，LED3，LED5，LED6 = 熄灭	保养模式处于激活状态(机器人控制系统保养等待处理)
故障状态	LED1 缓慢闪烁 LED4 = 亮 启动设备故障或 BIOS 故障	• 检查 HDD/SSD • 检查 U 盘 • 更换 PC
	LED1 缓慢闪烁 LED5 = 亮 Windows 或 PMS 启动时超时	• 更换硬盘 • 重新导入映象
	LED1 缓慢闪烁 LED6 = 亮 等待 RTS "运行" 时超时	• 重新导入映象 • 进行设置
	LED1 缓慢闪烁 等待 HMI 就绪时超时	—

3.2.4　电源驱动模块(KPP)

　　电源驱动模块即 KUKA 配电箱(KUKA Power Pack，KPP)的功能主要是将电网的三相交流电通过整流、滤波和稳压环节，它是输出直流电的设备，它为控制机器人各轴电机的伺服驱动模块(KSP)、同步伺服电机短路制动电路提供电源。KPP 还起到接通或断开控制柜电源、监测镇流电阻的过载情况、集成制动斩波模块工作状态和能耗制动伺服电机的功能。

1. KPP 的工作原理

KPP 主要由整流电路和能耗制动电路两部分组成，如图 3-8 所示。

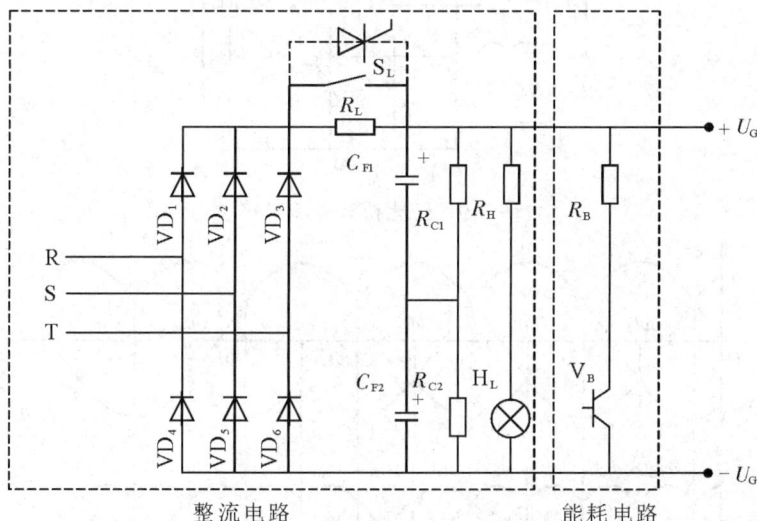

图 3-8　KPP 的电路原理图

整流电路由整流和稳压滤波电路两部分组成。整流电路先将电网中的三相交流电通过桥式电路转化为直流电，这个时候直流电里面含有很多频次的高次谐波，电压也不稳定，再经过电容模块的滤波和稳压模块的稳压，才能输出可用的直流电。

能耗电路在各轴的同步伺服交流电机需要停止时，迅速消耗电机的能量，使电机迅速停止。

2. 三相全控桥式整流电路的工作原理

三相全控桥式整流电路是从三相半波可控整流电路发展而来的。三相全控桥式整流电路是两组三相半波可控整流电路，一组为共阴极接法，另一组为共阳极接法。如果负载的参数完全相同并且控制角 α 也一致，则负载电流 I_{d1}、I_{d2} 的数值完全相同，中性线的平均电流 $I_N = I_{d1} - I_{d2} = 0$。如果将中性线拆除，再将两组负载合并，就成为工业上应用广泛的三相全控桥式整流电路。

为了便于理解三相全控桥式整流原理，这里以纯电阻负载来进行分析。按照习惯做法，6 个晶闸管的导通顺序是 $VT_1 \rightarrow VT_2 \rightarrow VT_3 \rightarrow VT_4 \rightarrow VT_5 \rightarrow VT_6$，所以晶闸管的编号顺序为：$VT_1$ 和 VT_4 接在 A 相；VT_3 和 VT_6 接在 B 相；VT_5 和 VT_2 在 C 相。VT_1、VT_3、VT_5 组成共阴极组，VT_4、VT_6、VT_2 组成共阳极组，如图 3-9 所示。图 3-10 为三相全控桥式整流电路带电阻性负载且 $\alpha = 0°$ 时的脉冲触发及电压波形。

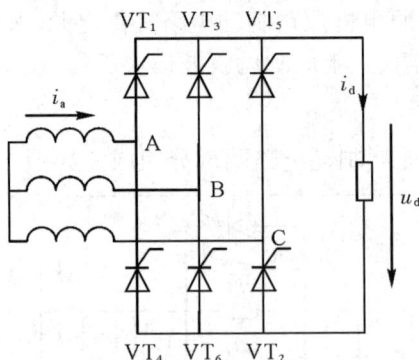

图 3-9　三相桥式整流电路

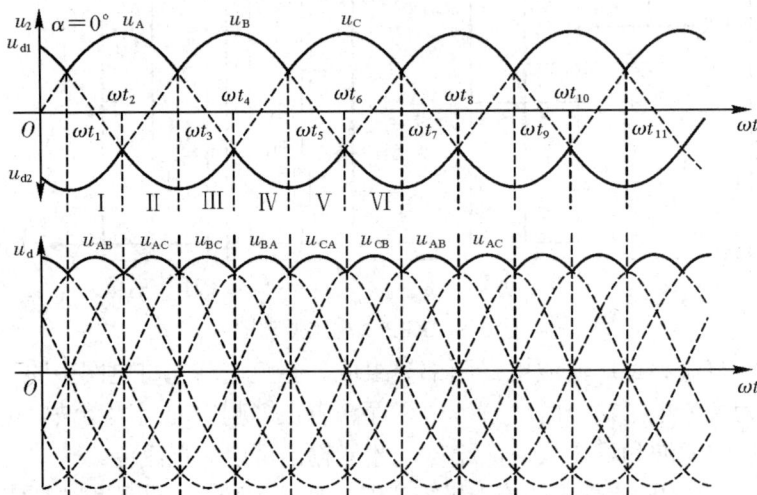

图 3-10　三相全控桥式整流电路带电阻性负载且 $\alpha = 0°$ 时的脉冲触发及电压波形

三相全控桥式电路中的电流流通时，必须有两个晶闸管同时导通，一个属于共阴极组，另一个属于共阳极组。为了使电路启动工作或在电流断续时能再次导通，必须同时对两组中应导通的一对晶闸管施加触发脉冲，为此可采用两种方法：一种是宽脉冲触发，使每个触发脉冲宽度大于 60°（一般取 90° 左右），在共阴极组的自然换相点（$\alpha = 0°$）ωt_1、ωt_3、ωt_5 时刻分别对晶闸管 VT_1、VT_3、VT_5 施加触发脉冲 u_{g1}、u_{g3}、u_{g5}，在共阳极组的自然换相点（$\alpha = 0°$）ωt_2、ωt_4、ωt_6 时刻分别对晶闸管 VT_2、VT_4、VT_6 施加触发脉冲 u_{g2}、u_{g4}、u_{g6}，这样就可以使电路在任何换相点均有相邻的两个晶闸管获得触发脉冲；另一种方法是在触发某一序号晶闸管时，触发电路同时给前一序号晶闸管补发一个脉冲，叫做辅助脉冲（或补脉冲），例如触发 VT_1 管的同时给 VT_6 管补发辅助脉冲，触发 VT_2 管的同时给 VT_1 管补发辅助脉冲，波形图中虚线的位置就是触发脉冲的触发时刻，这样就能使电路在任何换相点均有相邻的两个晶闸管有触发脉冲，其作用与宽脉冲一样，这种方式叫双窄脉冲。使用双窄脉冲可减小触发电路的功率，目前应用较多，但此种触发电路较为复杂。

如图 3-10 所示，在 $\omega t_1 \sim \omega t_2$ 期间，A 相电压最高，B 相电压最低，在触发脉冲的作用下，VT_6、VT_1 管同时导通，电流从 A 相流出，经过 VT_1、R_d、VT_6 流回 B 相，负载上得到 A、B 相线电压；在 ωt_2 时刻，A 相电压仍最高，但 C 相电压将达到最低，此时脉冲 u_{g2} 触发 VT_2 导通，使 VT_6 管承受反压而关断，负载电流从 VT_6 中换到 VT_2；在 $\omega t_2 \sim \omega t_3$ 期间，电流从 B 相流出，经过 VT_1、R_d、VT_2 流回 C 相，负载上得到 A、C 相线电压；在 ωt_3 时刻，由于 V 相电压比 U 相电压高，因此 VT_3 管被触发导通后，使 VT_1 关断，负载电流从 VT_1 中换到 VT_3；依此类推，在 $\omega t_2 \sim \omega t_3$ 期间是 A 相、C 相供电，VT_2、VT_3 导通；在 $\omega t_4 \sim \omega t_5$ 期间是 B 相、A 相供电，VT_3、VT_4 导通；在 $\omega t_5 \sim \omega t_6$ 期间是 C 相、A 相供电，VT_4、VT_5 导通；在 $\omega t_6 \sim \omega t_7$ 期间是 C 相、B 相供电，VT_5、VT_6 导通；在 $\omega t_7 \sim \omega t_8$ 期间重复 A 相、B 相供电，VT_6、VT_1 导通。整个周期的电压输出波形如图 3-10 所示。对共阴极组来说，其输出电压波形是三相相电压波形正半周的包络线；对共阳极组来说，是负半周的包络线。三相全控桥式整流电路的输出电压为两组输出电压之和，是相电压波形正负包络线下的面积，对于对称负载来说，其平均直流电压为两组输出电压的两倍。在线电压波形上是正向包络线。

通过以上分析，可总结如下：

(1) 三相全控桥式整流电路在任何时刻都必须有两个晶闸管同时导通才能构成电流回路。晶闸管换相只在本组内进行，由于共阴极组和共阳极组换相点相隔为 60°，所以每隔 60° 有一个晶闸管换相，共阴极组、共阳极组轮流进行换相的顺序为 $VT_1 \rightarrow VT_2 \rightarrow VT_3 \rightarrow VT_4 \rightarrow VT_5 \rightarrow VT_6 \rightarrow VT_1 \rightarrow \cdots$，每组导通间隔为 120°。相应的各触发脉冲的顺序为 $u_{g1} \rightarrow u_{g2} \rightarrow u_{g3} \rightarrow u_{g4} \rightarrow u_{g5} \rightarrow u_{g6} \rightarrow u_{g1}$，各脉冲依次相差 60°。

(2) 控制角 α 的移相范围是 0°～120°，电流连续与断续的临界点是 $\alpha = 60°$。电流连续时，每个晶闸管的导通角 $\theta_T = 120°$；电流断续时，$\theta_T < 120°$。

(3) 输出电压的波形由 6 个不同的线电压组成，当 $\alpha = 0°$ 时，波形为三相线电压的正向包络线，每个周期脉动 6 次，在输入电压为工频交流电压的情况下其基波频率为 300 Hz。

(4) 三相全控桥式整流电路，控制角 $\alpha = 0°$ 处与三相半波可控整流电路相同，为相邻相电压的交点(包括正向与负向)，距相电压波形原点 30°。但是在线电压波形上，$\alpha = 0°$ 的点距波形原点为 60°；如果 $\alpha = 30°$，则在相电压波形上脉冲距波形原点为 60°，在对应的线电压上，脉冲距波形原点为 90°。

(5) $\alpha \leqslant 60°$ 时，电流连续，晶闸管两端电压波形与三相半波时相同，晶闸管承受的最大电压为 $\sqrt{6}\,U_2$。

(6) 输出电压比三相半波可控整流电路大一倍，所以如果负载要求三相全控桥式整流电路的输出电压与三相半波相同，则在相同的 α 角时，晶闸管的额定电压较三相半波电路降低一半。

3. KPP 类型与接口功能

KPP 主要有五种类型：

(1) 不带轴伺服模块的 KPP；

(2) 带单轴伺服模块的 KPP(输出峰值电流为 40 A)；

(3) 带单轴伺服模块的 KPP(输出峰值电流为 64 A)；

(4) 带双轴伺服模块的 KPP(输出峰值电流为 40 A)；

(5) 带三轴伺服模块的 KPP(输出峰值电流为 40 A)。

下面主要对带双轴伺服模块和带三轴伺服模块的 KPP 进行介绍。

1) 带双轴伺服模块的 KPP

带双轴伺服模块的 KPP 的主要功能是为多轴伺服模块 KSP 供电，并且提供 2 个附加轴的伺服驱动和 2 个附加轴的能耗制动。标准版的 KUKA 机器人有 6 个自由度，也就是 6 轴机器人，有 6 个伺服轴需要控制，带双轴伺服模块的 KPP 可以为控制系统额外提供 2 个附加轴。附加轴可以是机器人法兰盘上的工具伺服装置，也可以是导轨等设备，这样机器人的理论轴数就得到了相应的提高，在不改变控制柜结构的情况下，就能够实现机器人系统自由度的升级，非常便捷。当然，如果用户没有特殊的需求，使用标准板的不带轴伺服模块的 KPP 是可以满足要求的，而且还能节省设备成本。具体的接口与功能如图 3-11 和表 3-6 所示。

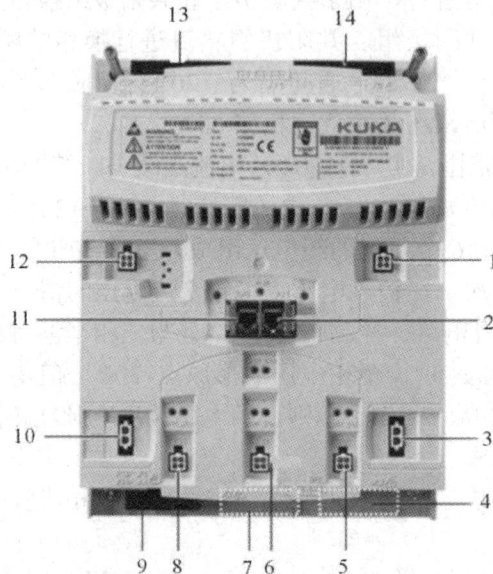

图 3-11　带两轴伺服模块的 KPP

表 3-6　两轴伺服模块 KPP 接口及功能

序号	插头编号	功 能 说 明	序号	插头编号	功 能 说 明
1	X11	控制电子装置供电 IN	8	X31	未使用
2	X21	驱动总线 IN	9	X4	AC 和 PE 电源接口
3	X34	制动供电 IN	10	X30	制动供电 OUT
4	X3	电机接口(附加轴 E2)	11	X20	驱动总线 OUT
5	X33	制动器接口(附加轴 E2)	12	X10	控制电子系统供电 OUT
6	X32	制动器接口(附加轴 E1)	13	X7	镇流电阻
7	X2	电机接口(附加轴 E1)	14	X6	直流中间回路 OUT

2) 带三轴伺服模块的 KPP

带三轴伺服模块的 KPP 的主要功能是为多轴伺服模块 KSP 供电,并且提供 3 个附加轴的伺服驱动和 3 个附加轴的能耗制动。带三轴伺服模块的 KPP 可以为控制系统额外提供 3 个附加轴的伺服控制。一般情况下,如果用户没有特殊的需求,即可使用标准版的控制柜,使用带三轴伺服模块的 KPP 可以为 4 轴、5 轴、6 轴的伺服电机提供驱动。这样,伺服驱动模块 KSP 只需要一个即可,大大节省了成本。具体的接口与功能如图 3-12 和表 3-7 所示。

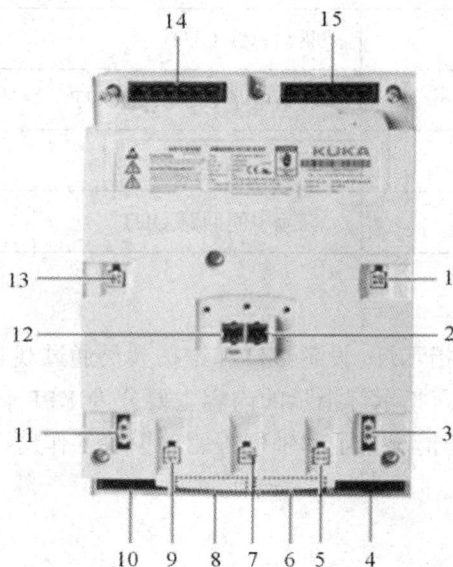

图 3-12　带三轴伺服模块的 KPP

表 3-7　三轴伺服模块 KPP 接口及功能

序号	插头编号	功 能 说 明
1	X11	控制电子装置供电 IN
2	X21	驱动总线 IN
3	X34	制动供电 IN
4	X3	电机接口(附加轴 6)
5	X33	制动器接口(附加轴 6)
6	X2	电机接口(附加轴 5)
7	X32	制动器接口(附加轴 5)
8	X1	电机接口(附加轴 4)
9	X31	制动器接口(附加轴 4)
10	X4	AC 和 PE 电源接口
11	X30	制动供电 OUT
12	X20	驱动总线 OUT
13	X10	控制电子系统供电 OUT
14	X7	整流电阻
15	X6	直流中间回路 OUT

4. KPP 指示灯功能

　　KPP 上面有多组 LED 指示灯,设备维修和维护人员通过观察指示灯的显示就可以迅速地判断出 KPP 的工作状态。指示灯指示的内容主要分为 KPP 供电状态指示、KPP 工作状态指示、驱动总线模块工作情况指示和轴伺服驱动模块工作情况指示四个方面的内容,如图 3-13 所示。

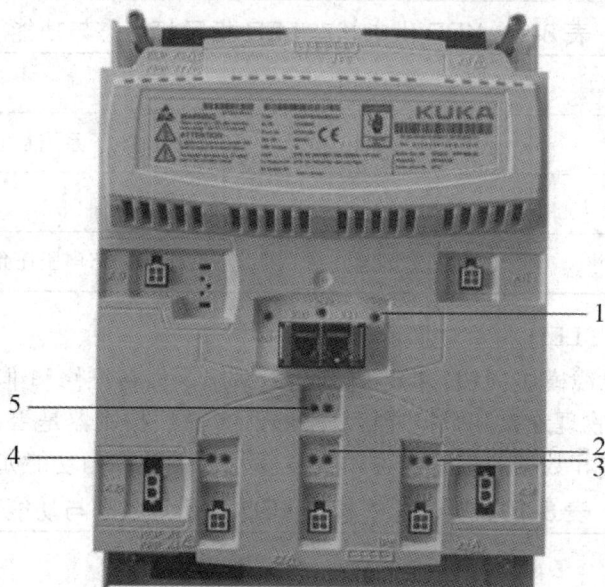

1—驱动总线模块 LED 指示灯；2—轴伺服驱动模块 LED 指示灯；

3—轴伺服驱动模块 LED 指示灯；4—KPP 供电状态 LED 指示灯；5—KPP 工作状态 LED 指示灯

图 3-13 KPP 指示灯功能显示

1) KPP 工作状态 LED 指示灯显示含义

通过观察 KPP 工作状态 LED 指示灯的显示情况，设备维修和维护人员可以迅速判断控制系统是否工作正常、KPP 与控制系统之间是否有通信和 KPP 是否故障等内容。LED 指示灯的状态与功能如表 3-8 所示。

表 3-8 KPP 工作状态 LED 指示灯状态与功能

红色 LED	绿色 LED	含 义
关闭	关闭	控制电子系统断电
亮起	关闭	KPP 故障
关闭	闪烁	与控制系统无通信
关闭	亮起	与控制系统有通信

2) KPP 供电状态 LED 指示灯显示含义

通过观察 KPP 供电状态 LED 指示灯的显示情况，设备维修和维护人员可以迅速判断控制系统是否工作正常、中间电路输出电压是否在正常工作范围和 KPP 是否故障等内容。LED 指示灯的状态与功能如表 3-9 所示。

表 3-9　KPP 供电状态 LED 指示灯状态与功能

红色 LED	绿色 LED	含　义
关闭	关闭	控制电子系统断电
亮起	关闭	供电故障
关闭	闪烁	中间回路电压在允许范围外

3) 驱动总线模块 LED 指示灯显示含义

通过观察驱动总线模块 LED 指示灯的显示情况，设备维修和维护人员可以迅速判断 KPP 和 CCU 是否有物理连接和数据通信、EtherCAT 总线控制器是否正常启动以及 KPP 与 KSP 是否有物理连接和数据通信等内容。LED 指示灯的状态与功能如表 3-10 所示。

表 3-10　驱动总线模块 LED 指示灯状态与功能

LED 指示灯	状 态 和 含 义
L/A　IN	• 关断：无连接至 CCU(CIB)； • 接通：物理连接至 CCU(CIB)，但无数据交换； • 快速有节奏地闪烁：物理连接至 CCU(CIB)，有数据交换
RUN(运行)	• 关断：EtherCAT 控制器损坏或无电源电压； • 缓慢闪烁：EtherCAT 控制器已初始化，但没有物理连接至 CCU(CIB)； • 快速闪烁：EtherCAT 控制器已初始化，与 CCU(CIB)之间有物理连接，正在建立连接； • 接通：EhterCAT 控制器已初始化，已建立至 CCU(CIB)的连接
L/A　OUT	• 关断：无连接至下游 KSP； • 接通：物理连接至下游 KSP，但无数据交换； • 快速有节奏地闪烁：物理连接至下游 KSP 进行数据交换

4) 轴伺服驱动模块 LED 指示灯显示含义

通过观察轴伺服驱动模块 LED 指示灯的显示情况，设备维修和维护人员可以迅速判断控制系统是否工作正常、轴工作状态是否正常或故障和伺服控制器是否启动。LED 指示灯的状态与功能如表 3-11 所示。

表 3-11　轴伺服驱动模块 LED 指示灯状态与功能

红色 LED	绿色 LED	含　义
关闭	关闭	・控制电子系统断电； ・轴不存在
亮起	关闭	轴有故障
关闭	闪烁	没有开通调节器
关闭	亮起	调节器开通

3.2.5　伺服驱动模块(KSP)

伺服驱动模块即 KUKA 伺服驱动器(KUKA Servo Pack，KSP)的功能主要是将中间电路的直流电通过逆变输送给机器人各轴的交流同步电机，还可进行伺服控制系统的安全制动控制和安全扭矩控制。

1. 安全制动控制

安全制动控制主要通过对机器人各轴提供带有编码的独立数据线和电缆，从而具有各轴单独控制的制动输出，同时也可以避免焊接或插接错误。安全制动控制还可以保证控制柜中的计算机和相关的安全软件持续稳定地工作。可通过 KSP 模块中的 FSOE 安全节点来启动制动功能。

2. 安全扭矩控制

安全扭矩控制的主要功能就是功率输出开通与关断，即控制电机固态继电器的接通。安全扭矩控制还可以避免机器人发生碰撞或障碍时电机电流在没有得到控制指令时自动增加。

3. KSP 的工作原理

KSP 的主要功能之一就是逆变，从而控制交流同步电机的运行，接下来简单介绍电压型三相桥式逆变电路。如图 3-14 所示，电路由 3 个半桥电路组成，为了方便分析，将一个电容画成了两个，并假想两个电容的中点为中性点 N。由于输入端施加的是直流电源，因此晶体管 $V_1 \sim V_6$ 始终保持正向偏置，$VD_1 \sim VD_6$ 为并联的二极管，作用是为感性负载提供续流回路。同一半桥电路，上下两个以 180° 为间隔交替开通与关断，$VD_1 \sim VD_6$ 以 60° 的相位差依次开通与关断，所以任意瞬间将有 3 个桥臂同时导通，在逆变器输出端形成 A、B、C 三相电压。

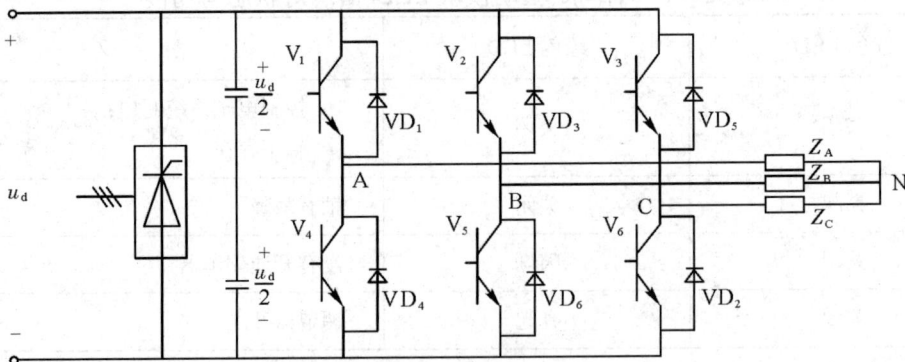

图 3-14　电压型逆变电路工作原理

以每个管子导通 180°，每时每刻有 3 个管子同时导通为例，分析管子导通与线电压和相电压之间的关系。线电压波形和相电压波形如图 3-15 和图 3-16 所示。

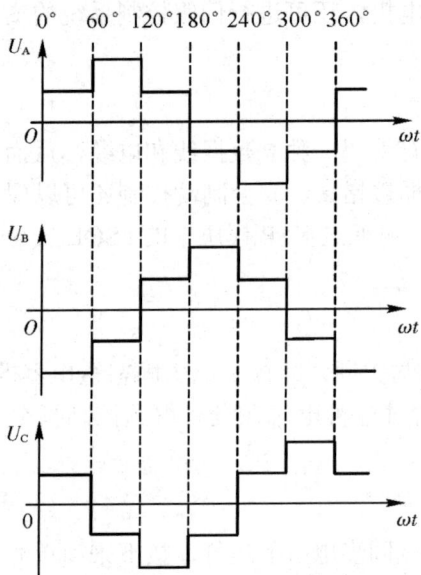

图 3-15　A、B、C 线电压波形

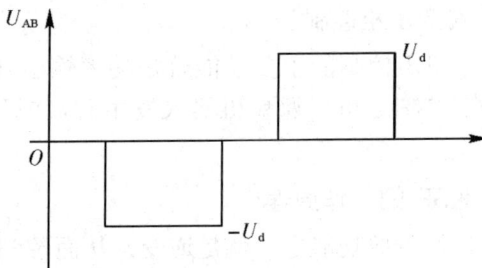

图 3-16　相电压波形

(1) 0°～60° 期间，V_1、V_2、V_3 导通，则

$$U_{AB} = U_{BC} = U_d, \text{ 且 } U_{AN} = U_{BN} = \frac{1}{3} U_d, \quad U_{CN} = -\frac{2}{3} U_d$$

(2) 60°～120° 期间，V_2、V_3、V_4 导通，则

$$U_{AC} = U_d,\ \text{且}\ U_{AN} = \frac{1}{2}U_d,\ U_{CN} = -\frac{1}{2}U_d,\ U_{BN} = 0$$

(3) 120°～180° 期间，V_3、V_4、V_5 导通，则

$$U_{BC} = U_d,\ \text{且}\ U_{BN} = \frac{1}{2}U_d,\ U_{CN} = -\frac{1}{2}U_d,\ U_{AN} = 0$$

(4) 180°～240° 期间，V_4、V_5、V_6 导通，则

$$U_{BA} = U_d,\ \text{且}\ U_{BN} = \frac{1}{2}U_d,\ U_{AN} = -\frac{1}{2}U_d,\ U_{CN} = 0$$

(5) 240°～300° 期间，V_6、V_1、V_2 导通，则

$$U_{CA} = U_d,\ \text{且}\ U_{CN} = \frac{1}{2}U_d,\ U_{AN} = -\frac{1}{2}U_d,\ U_{BN} = 0$$

(6) 300°～360° 期间，V_1、V_2、V_3 导通，则

$$U_{AB} = U_{AC} = U_d,\ \text{且}\ U_{AN} = \frac{2}{3}U_d,\ U_{BN} = U_{CN} = -\frac{1}{3}U_d$$

电压型逆变电路主要有以下特点：

(1) 直流侧接有大电容，相当于电压源，直流电压基本无脉动，直流回路呈现低阻抗。

(2) 由于直流电压源的钳位作用，交流侧电压波形为矩形波，与负载阻抗角无关，而交流侧电流波形和相位因负载阻抗角的不同而不同，其波形接近三角波或正弦波。

(3) 当交流侧为感性负载时需提供无功功率，直流侧电容起到吸收无功能量的作用。为了给交流侧向直流侧反馈能量提供通道，各臂都并联了反馈二极管。

(4) 逆变电路从直流侧向交流侧传送的功率是脉动的，因直流电压无脉动，故传输功率的脉动是由直流电流的脉动来体现的。

4．正弦脉宽调制(SPWM)技术

前面所介绍的电压型逆变电路的输出电压都是脉宽为 180° 的方波交流电压，输出电压中除基波外含有大量的高次谐波，采用 LC 滤波器消除谐波，在电路开关频率较低时，要求 L、C 的数值大，则它的体积也大，这会降低装置的功率密度。

在实际的应用中，很多负载都希望输出电压和输出频率能得到控制。输出频率的控制相对较容易，逆变电路电压和波形的控制就比较复杂。逆变器通常由一个相控整流电路(或直流变换电路)和一个逆变电路组成，控制相控整流电流(或直流变换电路)可以改变输出电压，控制逆变电路可以改变输出频率。这种控制方式有以下缺点：

(1) 输出电压为矩形波，其中含有较多谐波，对负载不利；

(2) 采用相控方式调压，输入电流谐波含量大，输入功率因数偏低；

(3) 由于中间环节有大电容存在，因此调压惯性较大，响应较慢。

KUKA 伺服控制模块逆变所用到的 SPWM 技术能较好地克服以上缺点，是一种优秀的控制方案。

逆变电路理想的输出电压是图 3-17(a)所示的正弦波 $u_0 = U_0\sin\omega t$。而电压型逆变电路的输出电压是方波，如果将一个正弦波半波分成 N 等份，并把正弦曲线每一等份所包围的面积都用一个与其面积相等的等幅矩形脉冲来代替，且矩形脉冲的中点与相应正弦等分的中点重合，则得到如图 3-17(b)所示的脉冲列，这就是 PWM 波形。正弦波的另外一个半波可以用相同的办法来等效。可以看出，该 PWM 波形的脉冲宽度是按正弦规律变化的，称为 SPWM(Sinusoisal Pulse Width Modulation)波形。

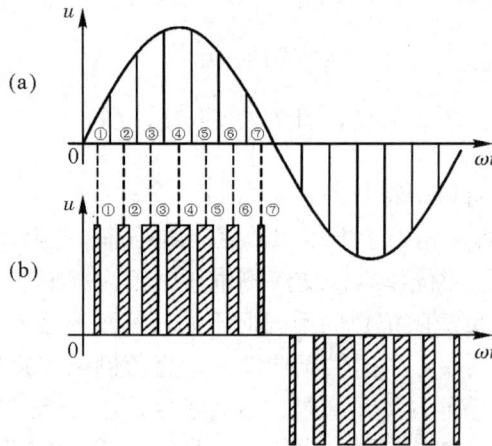

图 3-17   SPWM 电压等效正弦电压

根据取样控制原理，冲量相等而形状不同的窄脉冲加在具有惯性的环节上时，其效果基本相同。脉冲频率越高，SPWM 波形越接近正弦波。逆变电路的输出电压为 SPWM 波形时，其低次谐波能得到很好的抑制和消除，高次谐波又能很容易滤去，从而可获得畸变率极低的正弦波输出电压。

SPWM 控制方式就是对逆变电路开关器件的通断进行控制，使输出端得到一系列幅值相等而宽度不相等的脉冲，用这些脉冲来代替正弦波或者其他所需要的波形。

从理论上讲，在 SPWM 控制方式中给出了正弦波频率、幅值和半个周期内的脉冲数后，脉冲波形的宽度和间隔便可以准确地计算出来。然后按照计算的结果控制电路中各开关器件的通断，就可以得到所需要的波形。这种方法称为计算法。计算法很繁琐，当输出正弦波的频率、幅值或相位变化时，结果都要变化，实际中很少应用。

在大多数情况下，常采用正弦波与等腰三角波相交的办法来确定各矩形脉冲的宽度。等腰三角波上下宽度与高度呈线性关系且左右对称，当它与任何一个光滑曲线相交时，即得到一组等幅而脉冲宽度正比于该曲线函数值的矩形脉冲。这种方法称为调制方法。希望输出的信号称为调制信号，接受调制的三角波称为载波。当调制信号是正弦波时，所得到的便是 SPWM。当调制信号不是正弦波时，也能得到与调制信号等效的 PWM 波形。

5. KSP 类型与接口功能

KSP 主要有三种类型：

(1) 适用于电机额定电流为 8～20 A 的三轴驱动模块 KSP(KSP600-3×20)；

(2) 适用于电机额定电流为 8～40 A 的三轴驱动模块 KSP(KSP600-3×40)；

(3) 适用于电机额定电流为 16～64 A 的三轴驱动模块 KSP(KSP600-3×64)。

下面主要以适用于电机额定电流为 8～20 A 的三轴驱动模块 KSP 进行介绍。其接口及说明如图 3-18 和表 3-12 所示。

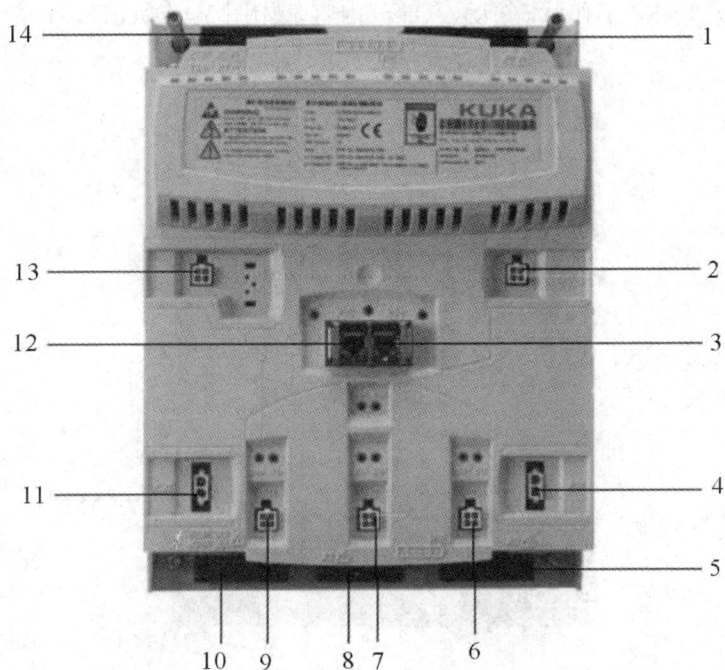

图 3-18　三轴驱动模块 KSP 接口

表 3-12　三轴 KSP 接口说明

序号	插头	说　　　明	序号	插头	说　　　明
1	X6	直流中间回路 IN	8	X2	电机接口 2
2	X11	控制电子系统供电 IN	9	X31	制动器接口 1
3	X21	驱动总线 IN	10	X1	电机接口 1
4	X34	驱动供电 IN	11	X30	制动供电 OUT
5	X3	电机接口 3	12	X20	驱动总线 OUT
6	X33	制动器接口 3	13	X10	控制电子系统供电 OUT
7	X32	制动器接口 2	14	X5	直流中间回路 OUT

6. KSP 指示灯功能

　　KSP 上面有多组 LED 指示灯，指示灯的作用是使设备维修和维护人员能够迅速判断 KSP 的工作状态。指示灯指示的内容主要分为驱动总线模块工作情况指示、轴伺服驱动模块工作情况指示和 KSP 工作状态指示三部分内容，如图 3-19 所示。

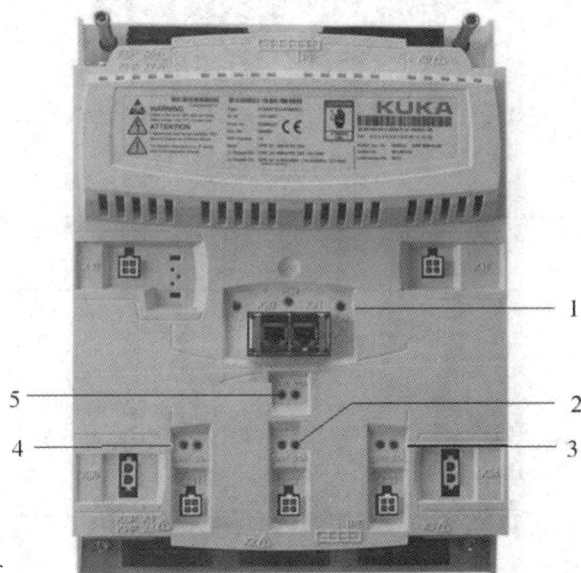

1—驱动总线模块 LED 指示灯；2—轴伺服驱动模块 LED 指示灯；3—轴伺服驱动模块 LED 指示灯；4—轴伺服驱动模块 LED 指示灯；5—KSP 工作状态 LED 指示灯

图 3-19　三轴驱动模块 KSP 指示灯

1) 驱动总线模块 LED 指示灯显示含义

通过观察驱动总线模块指示灯的显示情况，设备维修和维护人员可以迅速判断 KSP 和 KPP 是否有物理连接和数据通信、EtherCAT 总线控制器是否正常启动以及 KPP 与 KSP 是否有物理连接和数据通信等内容。LED 指示灯的状态与含义如表 3-13 所示。

2) 轴伺服驱动模块 LED 指示灯显示含义

通过观察轴伺服驱动模块 LED 指示灯的显示情况，设备维修和维护人员可以迅速判断控制系统是否工作正常，轴工作状态是否正常或故障，伺服控制器是否启动。LED 指示灯的状态与含义如表 3-14 所示。

表 3-13　驱动总线状态指示灯的状态与含义

LED 指示灯	状 态 和 含 义
L/A IN	· 关断：与上游模块之间无连接(KSP 或 KPP) · 接通：与上游模块之间有物理连接(KSP 或 KPP)，但无数据交换 · 快速有节奏地闪烁：与上游模块之间有物理连接(KSP 或 KPP)及数据交换
RUN(运行)	· 关断：EtherCAT 控制器损坏或无电源电压 · 缓慢闪烁：EtherCAT 控制器已初始化，但与上游模块(KSP 或 KPP)之间没有物理连接 · 快速闪烁：EtherCAT 控制器已初始化，与上游模块(KSP 或 KPP)之间有物理连接，正在建立连接 · 接通：EhterCAT 控制器已初始化，与上游模块(KSP 或 KPP)之间的连接已建立
L/A OUT	· 关断：无连接至下游 KSP · 接通：物理连接至下游 KSP，但无数据交换 · 快速有节奏地闪烁：物理连接至下游 KSP 进行数据交换

表 3-14　轴伺服驱动模块 LED 指示灯状态与含义

红色 LED	绿色 LED	含 义
关闭	关闭	控制电子系统断电轴不存在
亮起	关闭	轴有故障
关闭	闪烁	没有开通调节器
关闭	亮起	调节器开通

3) KSP 工作状态 LED 指示灯显示含义

通过观察 KSP 工作状态 LED 指示灯的显示情况，设备维修和维护人员可以迅速判断轴伺服驱动模块 KSP 是否工作正常、控制系统是否通电和 KSP 与控制系统之间是否有通信等内容。LED 指示灯的状态与含义如表 3-15 所示。

表 3-15   KPP 供电状态 LED 指示灯状态与含义

红色 LED	绿色 LED	含　义
关闭	关闭	控制电子系统断电
亮起	关闭	KSP 故障
关闭	闪烁	与控制系统无通信
关闭	亮起	与控制系统无通信

如果在 KSP 初始化时发生故障，则轴伺服驱动模块指示 LED2 组(如图 3-18 所示)中的红色 LED 灯会以 2～16 Hz 闪烁，然后熄灭，绿色 LED 灯一直为熄灭状态。在初始化阶段，如果检测到有 KSP 自身构件工作不正常或者损坏，则红色 LED 灯会常亮，绿色 LED 灯由亮逐渐熄灭。

3.2.6　旋转变压器数字转换器(RDC)

旋转变压器数字转换器(Resolve Digital Converter，RDC)实际上就是将模拟量转化为数字量的模块，它采集机器人各轴电机和 RDC 自身的温度，记录工业机器人各轴电机的位置，将数据存储在 EDS 上，并通过 KCB 实现与机器人控制器的通信。总结起来 RDC 具有以下功能：

(1) 将采集的模拟量转化为数字量；

(2) 采集各轴电机的温度数据；

(3) 采集自身 RDC 的温度数据；

(4) 监控自身 RDC 的工作状态(电路是否正常工作)；

(5) 监控 EDS 的工作状态；

(6) 写入 RDC 数据到 EDS；

(7) 通过 KCB 实现与机器人控制器的通信；

(8) 评估 RDC 工作的安全与可靠性。

1. RDC 安装位置与接口功能

RDC 的安装位置根据机器人的型号略有不同，一般情况下在机器人底座处或 A1 轴后方。RDC 安装盒位置如图 3-20 所示。

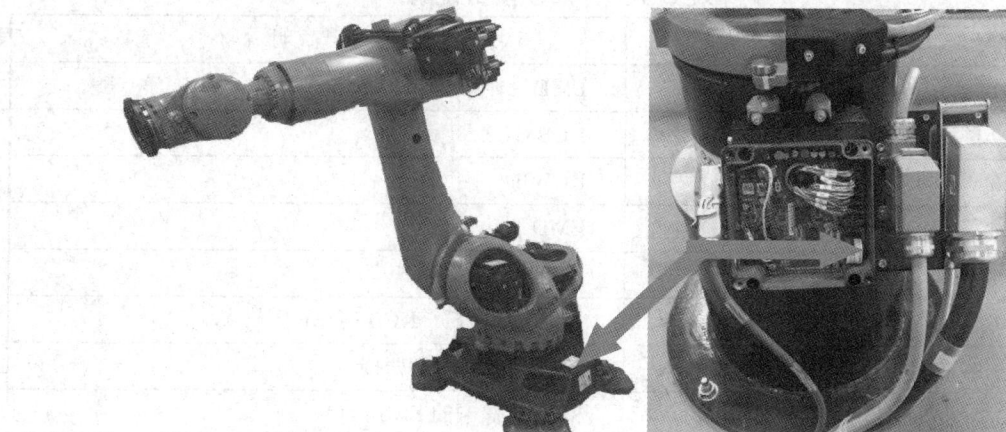

图 3-20　RDC 安装盒位置

RDC 接口及说明如图 3-21 和表 3-16 所示。

图 3-21　RDC 接口

表 3-16　RDC 接口说明

序　号	插　头	说　　　明
1	X20	EMD
2	X19	KCB OUT
3	X18	KCB IN
4	X17	EMD 供电电源
5	X15	供电电源 IN
6	X16	电源 OUT(下一 KCB 用户)
7～14	X1～X8	1～8 号轴的分解器接口
15	X13	RDC 存储卡的 EDS 接口

2. RDC LED 指示灯

　　RDC 的 PCB 上集成了很多 LED 指示灯，通过观察指示灯的显示，机器人控制系统维护或维修人员能够迅速判断出 RDC 的工作状态或故障，如 RDC 与系统总线 KSB 和 KCB 等总线能否通信，物理接口是否可靠连接，EMD 数据交换和存储是否正常等。LED 指示灯的具体排布和功能说明如图 3-22 和表 3-17 所示。

图 3-22　RDC 指示灯

表 3-17　RDC 指示灯说明

序号	名　称	标色	说　明
1	RUN(运行)EtherCAT AT 总线	绿色	• 关 = 初始化 • 接通 = 状态正常 • 以 2.5 Hz 闪烁 = 试运转 • 单一信号 = 安全运转 • 闪烁 = 错误代码(内部) • 以 10 Hz 闪烁 = 启动
2	VMT 微型控制器	黄色	• 关闭 = 故障 • 以 1 Hz 闪烁 = 状态正常 • 闪烁 = 错误代码(内部)
3	RDC 电源	绿色	• 关 = 无电压 • 开 = 有供电电压
4	配置微控制器	黄色	• 关闭 = 故障 • 以 1 Hz 闪烁 = 状态正常 • 闪烁 = 错误代码(内部)
5	FPGA A 集成电路	黄色	• 关闭 = 故障 • 以 1 Hz 闪烁 = 状态正常 • 闪烁 = 错误代码(内部)
6	EtherCAT 连接的安全协议	绿色	• 灭 = 未激活 • 亮 = 功能就绪 • 闪烁 = 错误代码(内部)
7	微控制器的电机温度	黄色	• 关闭 = 故障 • 以 1 Hz 闪烁 = 状态正常 • 闪烁 = 错误代码(内部)
8	FPGA B 集成电路	黄色	• 关 = 初始化 • 接通 = 状态正常 • 以 2.5 Hz 闪烁 = 试运转 • 单一信号 = 安全运转 • 闪烁 = 错误代码(内部) • 以 10 Hz 闪烁 = 启动

序号	名　称	标色	说　明
9	KCB 输入端 X18	绿色	• 灭 = 无物理连接，网线未插好 • 打开 = 网线已插入 • 闪烁 = 线路上数据交换
10	KCB 输出端 X19	绿色	• 灭 = 无物理连接，网线未插好 • 打开 = 网线已插入 • 闪烁 = 线路上数据交换
11	连接 EMD 的 KCB 输出端 X20	绿色	• 灭 = 无物理连接，网线未插好 • 打开 = 网线已插入 • 闪烁 = 线路上数据交换

3.2.7　电子数据存储器(EDS)

　　电子数据存储器(Electronic Data Storage，EDS)的主要功能是存储机器人系统部件的专有数据。KUKA 机器人控制系统有两个 EDS 存储器：一个安装在控制柜控制板 CCU 上(如图 3-23 所示)，相当于 CCU 的电子名片，用于存储 CCU 的专有数据；另一个安装在 RDC 上(如图 3-24 所示)，主要用于保存机器人控制柜所属部件更换时所必须保存的数据，这样才能使更换机器人硬件部件后，机器人控制系统保持与更换前配置一致。

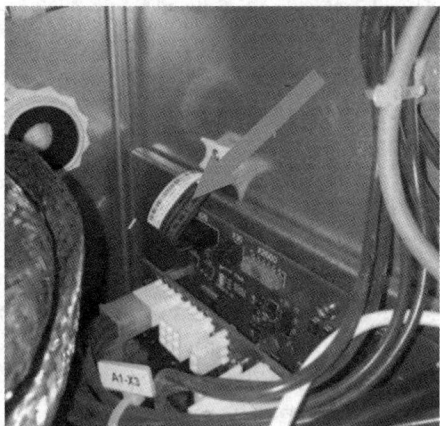

图 3-23　CCU 安装位置

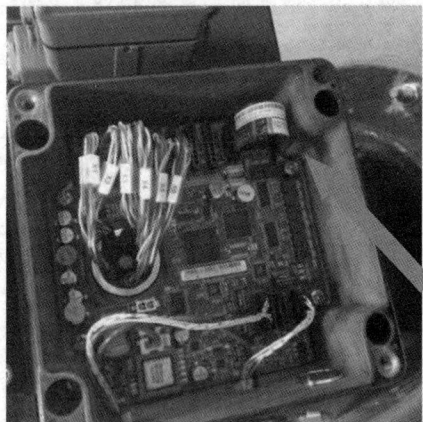

图 3-24　EMD 安装位置

　　EDS 上面有两块芯片，每块芯片根据其所在的 EDS 安装位置不同，其存储的数据也各不相同，如图 3-25 所示。安装在 CCU 上面的 EDS 其 1 号芯片存储的数据为 CCU 的电子铭牌数据，2 号芯片存储的数据为安装装置的序列号和安全配置地址数据。安装在 RDC 上的 EDS 的 1 号芯片发生数据写入的频次较高，是一块频繁有数据写入的芯片，主要存储机器人各轴绝对位置数据、分解器数据、重复误差数据和计数器数据等。其 2 号芯片很少有写入操作，其主要存储的数据是 KUKA 计算机控制柜系统中存储的，如保养手册、高精度控制 PID 文件、校准偏差 MAM 文件以及系统服务文件等内容，具体说明如表 3-18 所示。

图 3-25　EDS 芯片位置

表 3-18　EDS 芯片功能说明

EDS 安装位置	芯片号	功　能
控制柜控制板 CCU	1 号芯片	• 存储 CCU 专用数据(如电子型号铭牌)
	2 号芯片	• 存储安全外围设备所有数据 • 存储每一个设备预定的 FSoE(SafetyID)从地址 • 存储设备序列号
旋转变压器数字转换器 RDC	1 号芯片	• 存储工作时间计数数据 • 存储各轴绝对位置数据 • 存储电机行程位置数据 • 存储偏差与补偿数据
	2 号芯片	• 存储机器人保养手册 • 存储高精度控制文件 PID • 存储校准槽误差数据文件 MAM • 存储校准数据文件 CAL • 存储机器人铭牌数据文件(Robot Info) • 存储 KUKA 线路接口 KLI 数据 • 存储安全控制相关文件 SAFEOP • 存储用户存档路径

1. 同步 EDS 和控制系统数据

KUKA 机器人系统之中的数据，在 KUKA 控制柜计算机中有存储，当系统更换了新的 EDS 之后，新的 EDS 里面的数据为空或者与原系统中存储的数据不一致，这时机器人控制系统就会报错，同时在显示器或者 SmartPAD 的显示屏的信息显示单元中弹出故障排除提示。这时需要我们排除故障，排除故障的方法是将 KUKA 计算机中的数据写入新的 EDS 中，这样就能排除故障。具体的操作步骤如下：

(1) 将机器人操作模式由操作员模式切换为专家模式。

(2) 选择投入运行，选择机器人数据，如图 3-26 所示。

(3) 单击指令框①，将高精度控制文件 PID 传输至 RDC，如图 3-27 所示。

(4) 单击指令框②，将校准槽误差数据文件 MAM 传输至 RDC。

(5) 单击指令框③，将校准数据文件 CAL 传输至 RDC。

(6) 上述操作完成后，重启机器人系统，完成 EDS 更换操作。

图 3-26　机器人数据选择

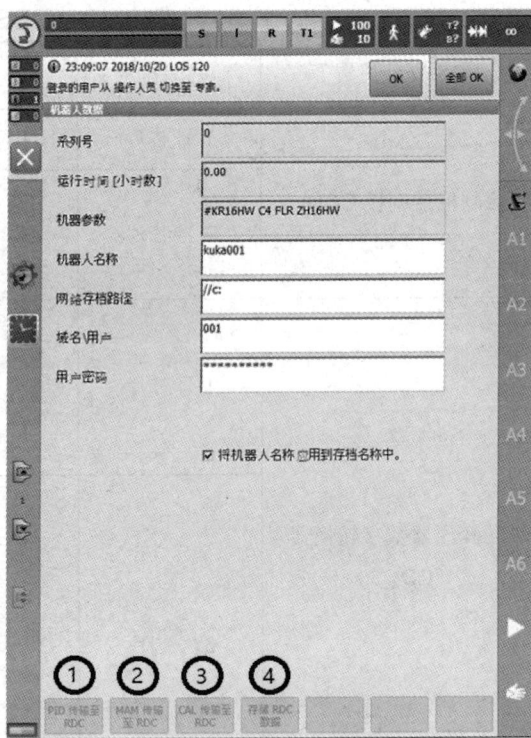

图 3-27　机器人数据

机器人数据操作界面的四个指令框功能说明如表 3-19 所示。

表 3-19 指令框功能说明

序号	说 明
1	PID 传输至 RDC • PID 文件为精确度高的机器人所必需 • 包含具体运动系统数据 • PID File 可作为文件导入(U 盘)
2	MAM 传输至 RDC • 对于 QUANTEC 系列的机器人来说需要一个 MAM 文件(零点标定标记槽偏差) • 包含机器人测量时的偏差数据 • 将零点标定套装入并拧紧 • 测量零点并将结果保存到 MAM 文件里 • MAM File 可作为文件导入(U 盘)
3	CAL 传输至 RDC CAL File 可作为文件导入(U 盘)
4	存储 RDC 数据 • 在硬盘上备份 EDS(RDC)数据 • 路径：C:\KRC\Roboter\RDC

3.2.8 安全接口板(SIB)

安全接口板(Safety Interface Board，SIB)是基于 EtherCAT 总线的一种机器人外部安全设备，其主要工作原理是通过对外部输入端和输出端的配置，利用双通道的传输设计，使用脉冲信号进行监控。安全输出端全部由电隔离的继电器连接在开关触点信号 X11 和 X13 上面，其电源的供电由 CCU 上面的 PMB 板来供给。SIB 的主要功能是将操作人员防护装置(如安全门传感器)、光栅传感器、急停功能按钮等)的信号、机器人工具设备安全信号和机器人内部控制系统安全软件的指令进行处理，使机器人能够迅速制动，从而保护人员和设备的安全。SIB 的接口名称和功能如图 3-28 和表 3-20 所示。

表 3-20　安全接口板 SIB 接口功能说明

序号	插　头	说　　明
1	X250	SIB 供电
2	X251	其他组织的供电
3	X252	安全输出端
4	X253	安全输入端
5	X254	安全输入端
6	X259	KUKA 系统总线
7	X258	KUKA 系统总线

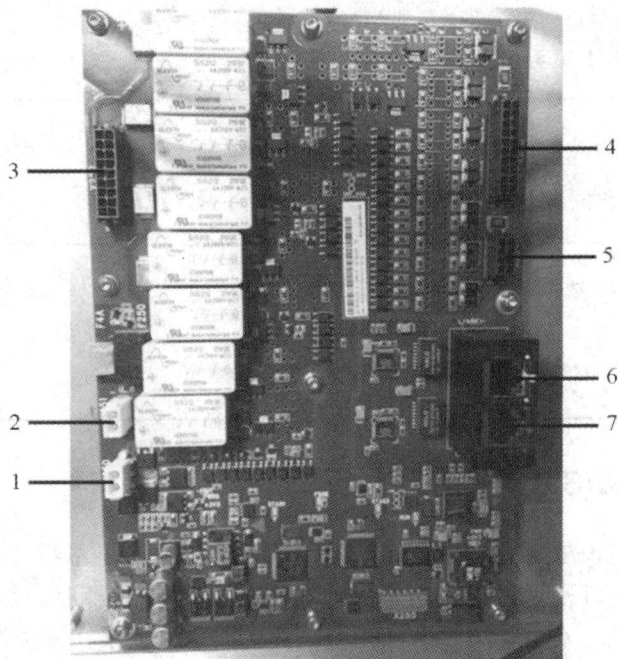

图 3-28　SIB 接口

　　SIB 同样提供了 LED 指示灯为设备维修和维护人员提供设备工作状态的参考，其指示灯的分布和功能如图 3-29 和表 3-21 所示。

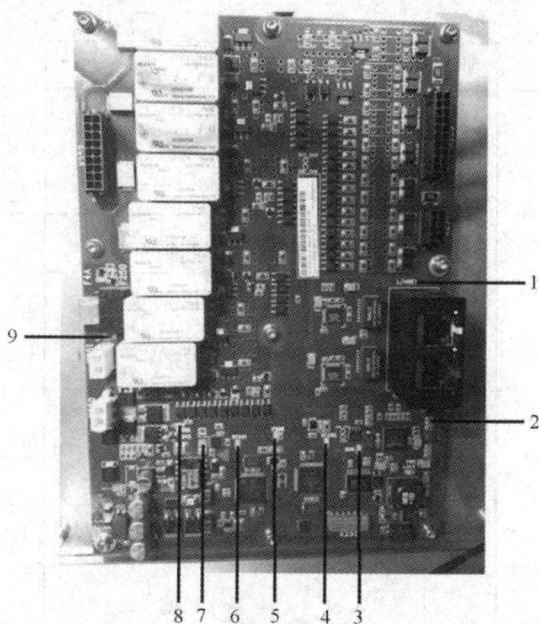

图 3-29 SIB 指示灯

表 3-21 SIB 指示灯功能说明

序号	名　称	颜色	说　明	补救措施
1	L/A	绿色	亮＝有物理连接	
2	L/A	绿色	灭＝无物理连接，网线无法插好 闪烁＝线路上正进行数据交换	
3	PWR_3V3 SIB 的电压	绿色	灭＝无电源存在 亮＝电源存在	• 检查保险装置 F302 • 有电桥插头 X308
4	RUN(运行) EtherCAT 安全节点	绿色	亮＝可使用(正常状态)	
			灭＝初始化(开机后)	
			以 2.5 Hz 闪烁＝试运转(启动时的中间状态)	
			单一信号＝安全运转	
			以 10 Hz 闪烁＝启动(用于固件更新)	

序号	名　称	颜色	说　明	补救措施
5	STAS2 安全节点 B	橙色	灭 = 无电源存在	• 检查保险装置 F302 • 如果 LED PWR_3V3 亮起，则更换 SIB 组件
			以 1 Hz 闪烁 = 正常状态	
			以 10 Hz 闪烁 = 启动阶段	
			闪烁 = 错误代码(内部)	
6	FSoE EtherCAT 连接的安全协议	绿色	灭 = 未激活	
			亮 = 功能就绪	
			闪烁 = 错误代码(内部)	
7	STAS1 安全节点 A	橙色	灭 = 无电源存在	• 检查保险装置 F302 • 如果 LED PWR_3V3 亮起，则更换 SIB 组件
			以 1 Hz 闪烁 = 正常状态	
			以 10 Hz 闪烁 = 启动阶段	
			闪烁 = 错误代码(内部)	
8	PWRS 3.3 V	绿色	亮 = 电源存在	
			灭 = 无电源存在	• 检查保险装置 F302 • 如果 LED R_3V3 亮起，则更换 SIB 组件
9	保险装置的状态 LED	红色	亮 = 保险装置损坏	更换已损坏的保险装置
			灭 = 保险装置正常	

3.2.9　控制总线(KCB)

控制总线(KUKA Controller Bus，KCB)是基于 EtherCAT 总线的驱动总线，EtherCAT 是 EtherCAT Technology Group 公司研发的一种以以太网为基础的开放式总线系统，除了应用于传统的现场总线耦合连接以外，还可以用于对时间要求很高的情况和场合。其工作方式是以电报的形式，将数据传送到所有的 EtherCAT 总线从设备，其传送速度是可调节的，其理论传输速度可达到 200 Mb/s。

KUKA 控制总线 KCB 连接的设备主要有 KUKA 控制柜计算机、控制柜控制板(CCU)、电源驱动模块(KPP)、伺服驱动模块(KSP)、旋转变压器数字转换器(RDC)和电子控制装置(EMD)等。这些设备通过 KUKA 控制总线 KCB 实现通信，其总线结构和连接方式如图 3-30所示。总线结构以 CCU 为主数据交换中心，其 X32 端口通过数据线连接 KPP 的驱动输入端口，并通过 KPP 的输出端口 X20 通过数据线连接到第一台 KSP 的驱动输入端口，第一台 KSP 的驱动通过数据线连接到第二台 KSP 的驱动输入端口。其 X31 端口通过数据线连接到 KUKA 控制柜计算机的 KCB 总线接口。其 X33 端口通过数据线连接在 RDC 的 KCB输入端子上，RDC 上面的 KCB 输出端子通过数据线连接在 CCU 的 X34 端子上。EMD 通过 RDC 上面的 KCB 输入输出端口实现扩展设备与 KCB 总线系统通信，从而实现了整个KCB 总线的布局。

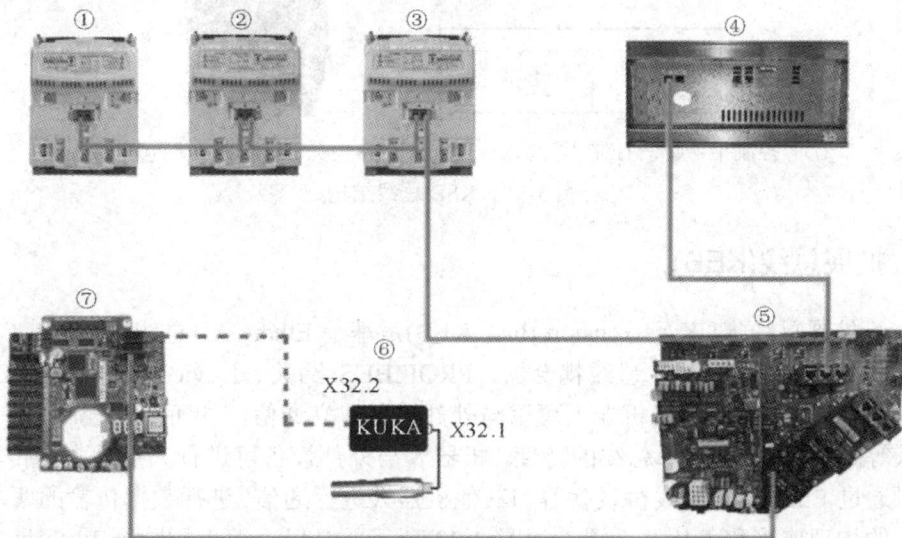

①、②—KSP；③—KPP；④—控制柜计算机；⑤—CCU；⑥—EMD；⑦—RDC

图 3-30　KCB 总线结构

3.2.10　系统总线(KSB)

系统总线(KUKA System Bus，KSB)是基于 EtherCAT 总线的驱动总线，其主要连接的设备有控制柜计算机 KPC、电路接口板 CIB、SmartPAD 和安全接口板 SIB 等，其系统总线概况如图 3-31 所示。

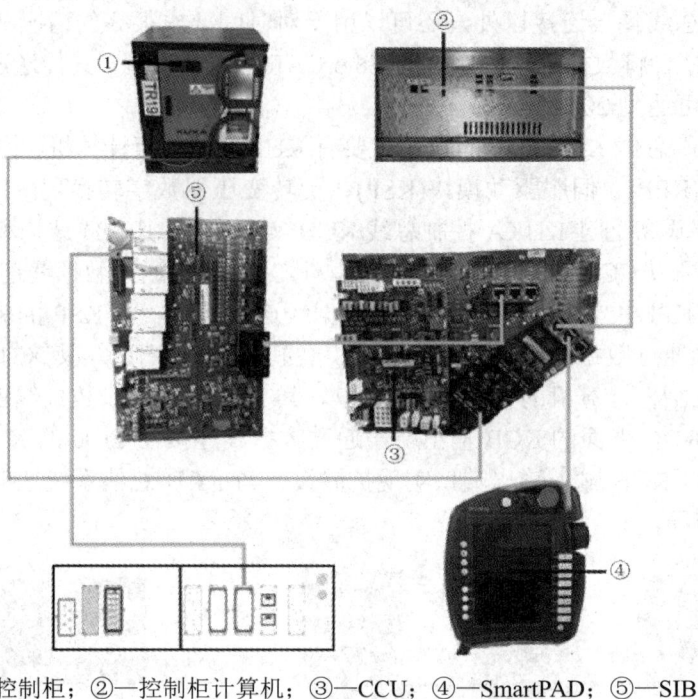

①—控制柜；②—控制柜计算机；③—CCU；④—SmartPAD；⑤—SIB

图 3-31　KSB 总线结构

3.2.11　扩展总线(KEB)

KUKA 扩展总线(KUKA Exension Bus，KEB)是基于 EtherCAT 总线协议，以 CCU 作为主站可以连接各种 EtherCAT 母线耦合器、PROFIBUS 网关、DeviceNet 网关和 EtherCAT 总线桥设备。通过 KEB 总线机器人可以与外部设备建立通信，如可编程控制器 PLC 和其他机器人等。由于 EtherCAT 总线的特性，机器人与外部设备可进行大量的数据传输，机器人也可以通过 EtherCAT 总线桥设备等与其他机器人进行通信。进行数据传输的两个重要条件是有效的物理连接和主从站设置，如图 3-32 所示的是以可编程控制器 PLC 为主站，多台机器人控制柜为从站，通过 EtherCAT 总线耦合器构建的典型 KEB 结构。

可编程控制器 PLC①作为主站，通过 EtherCAT 总线②与 EtherCAT 总线耦合器进行数据传输，机器人控制柜④作为 PLC 的 1 号从站通过 KEB 扩展总线③与 EtherCAT 总线耦合器进行数据通信，从而实现与主站 PLC 的通信。根据客户的不同需求，带有扩展 I/O 模块的 EtherCAT 总线耦合器可以将系统总线的数据利用 I/O 模块通过电缆⑤传输到机器人所使用工具或外部设备上，同样也可与将工具和外部设备的数据传输给系统总线。1 号从站的 EtherCAT 耦合器通过 EtherCAT 总线⑥连接到 2 号从站的 EtherCAT 耦合器上，从而实现了

2 号从站与主站和 1 号从站的数据传输。同理可以连接更多的从站设备。

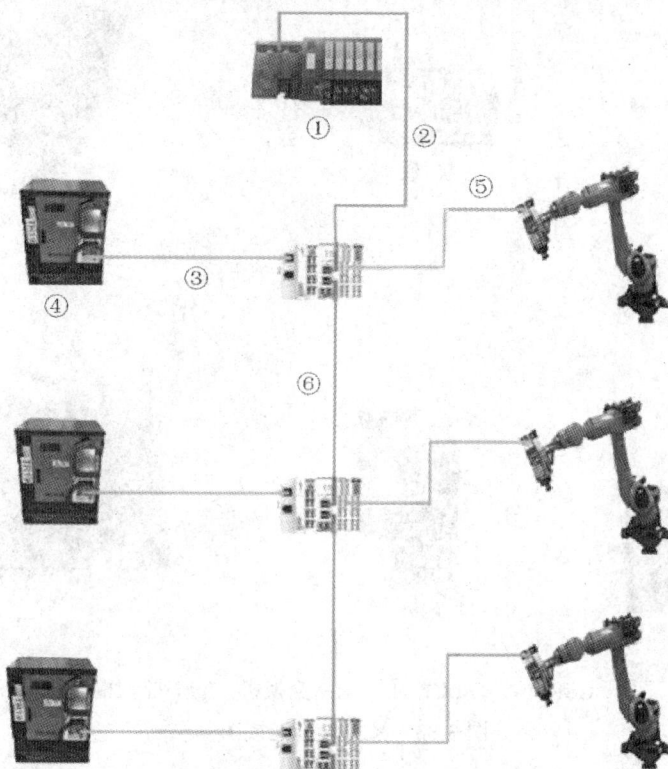

①—PLC；②、⑥—EtherCAT 总线；③—KEB 扩展总线；④—控制柜；⑤—电缆

图 3-32　KEB 总线结构

3.2.12　线路接口(KLI)

KUKA 线路接口(KUKA Line Interface，KLI)是基于以太网现场总线(如 PROFINET、PROFIsafe、EtherNET/IP 和 CIP Safety)与客户网络和服务器等进行数据的传输和数据存档等。利用 KLI 与网络连接的优点有两点：

(1) 可以利用 SmartPAD 的 HMI 功能进行网络配置；

(2) 可以利用 WorkVisual 配置现场总线。

KLI 可以与 KUKA 控制柜计算机、网络交换机、现场总线用户、可编程控器 PLC、KUKA 机器人系统操作面板和装有 KUKA 服务软件 WorkVisual 的计算机连接。如图 3-33 所示为 KLI 所连接的设备网络。

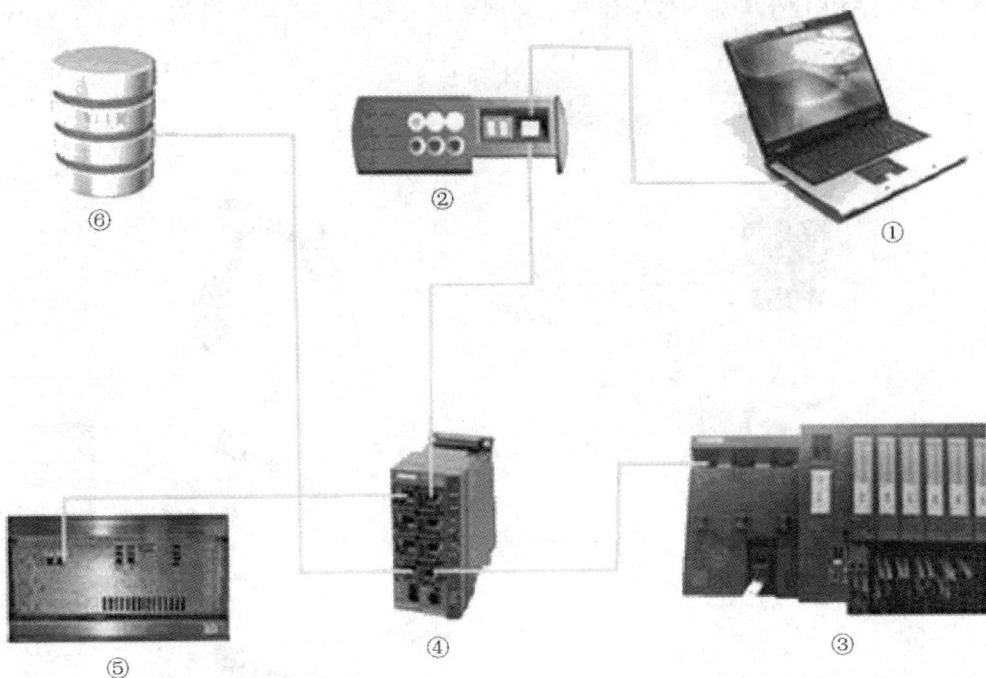

①—个人计算机；②—CSP；③—PLC；④—网络交换机；⑤—控制柜计算机；⑥—数据库

图 3-33　　KLI 设备连接图

3.3　项目实施

3.3.1　安装前的准备

1. 控制柜及内部配件

标准的 KUKA 控制柜及配件包括主开关、电源滤波器、驱动电源(KPP)、伺服驱动调节器(KSP)、控制柜控制板(CCU)、安全控制板(SIB)、接线面板、控制系统操作面板、蓄电池、制动滤波器、KUKA 控制柜计算机、电源线和数据线。

2. 安装所需工具

安装 KUKA 控制柜需要的工具有电源线制作及检测工具(万用表)、数据线制作及检测工具、内六角扳手、各种尺寸的十字螺丝刀、镊子和防静电手环等。安装所需工具如图 3-34所示。

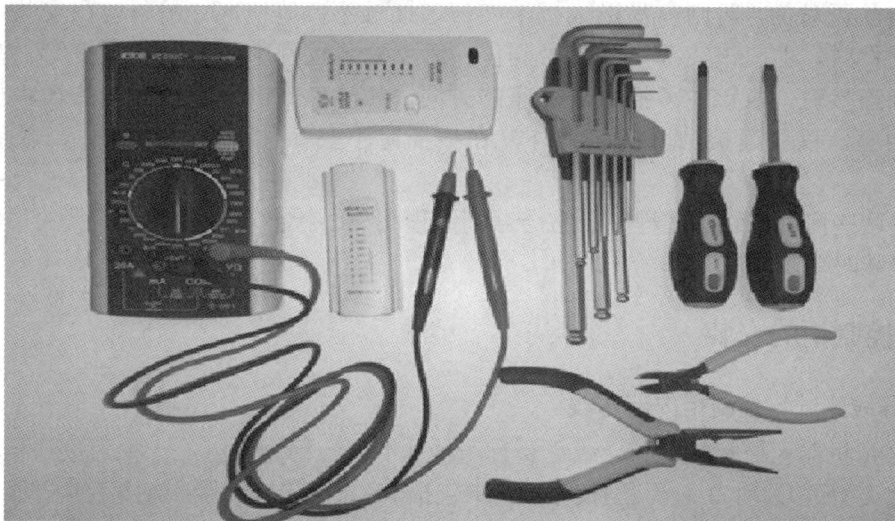

图 3-34 安装所需工具

各种安装工具的作用如下：

(1) 防静电手环：用于放掉操作者身上的静电，以防 CCU、RDC 和 SIB 等主板配件被静电损坏。

(2) 电源线制作工具：用于制作电源线两端的卡扣，使导线与卡扣牢固可靠地导通。

(3) 万用表：用于测量电源线制作是否成功，导线是否断路或阻抗是否正常。

(4) 网线制作：用于数据线的两端水晶头的制作。

(5) 检测工具：用于数据线制作是否成功的检测。

(6) 内六角扳手：用于内六角螺丝的安装与固定。

(7) 镊子：电源线制作过程中，有一些比较小的电线接口需要用镊子将线送入安装孔以确保电源线制作的质量。

(8) 十字螺丝刀：用于螺钉的安装或拆卸，最好是用带有磁性的螺丝刀，这样安装螺钉时可以将其吸住，在机箱狭小的空间内使用起来比较方便。

3.3.2 控制柜安装注意事项

在组装控制柜前，为避免人体所携带的静电会对精密的电子元件或集成件电路造成损伤，还要先清除身上的静电。例如，用手摸一摸铁制水龙头或用湿毛巾擦手，最保险的方式是佩戴防静电手环。

在组装过程中，控制柜中的各种配件要轻拿轻放，在不知道怎样安装的情况下仔细查看说明书，严禁粗暴装卸配件。对于安装需螺钉固定的配件时，在拧紧螺钉前一定要检查安装是否对位，否则容易造成板卡变形、接触不良等情况。另外，在安装那些带有卡槽的配件时，也应该注意安装是否到位，避免安装过程中引脚断裂或变形。在对各个配件进行连接时，应该注意插头、插座的方向，如缺口、倒角等。插接的插头一定要完全插入插座，以保证接触可靠。另外，在拔插时不要抓住连接线拔插头，以免损伤连接线。

　　上述这些问题在装机过程中经常会遇到，稍不小心就会对设备造成很大的损伤，操作人员在组装时要多加注意。

3.3.3　控制柜的安装

1. 导线测试与控制柜内部布线

　　KUKA 机器人控制柜中的导线主要有两种功能：一种为供电，一种为数据传输。供电线有三种类型：① 动力线(黑色)较粗，其中包括 PE 线(黄绿)，用于连接工业机器人供电系统和动力系统(如伺服电机)；② 制动线(黑色)中等粗细，用于组建伺服电机制动电路；③ 控制线(蓝色)较细，用于组建机器人控制系统电路。数据线主要用于数据传输，类似于网线。KUKA 机器人控制柜中的导线如图 3-35 所示。

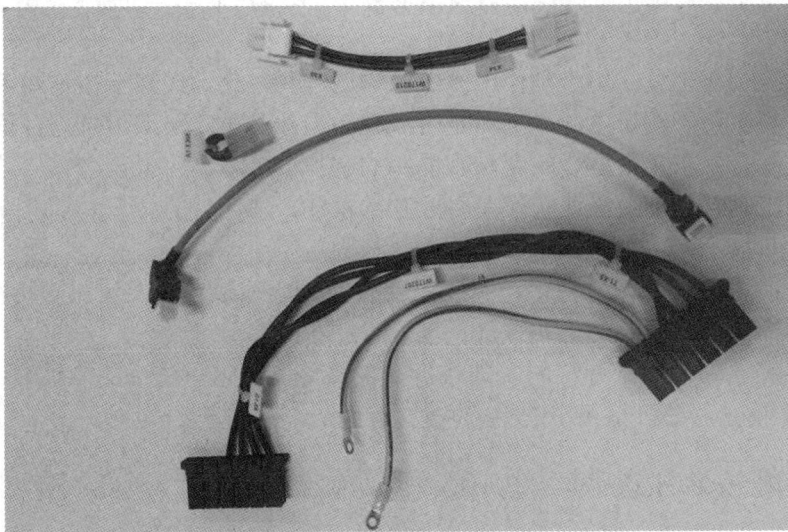

图 3-35　电源线与数据线

　　KUKA 机器人控制柜线路安装步骤如下：

　　(1) 根据订货号找出所需的导线，按照类别和导线编号进行分类，如果在维修的情况下没有相应的配件，可以自己制作。

　　(2) 检测供电线，以确保导线质量合格。检测所需的工具为万用表，将万用表的旋钮拨到欧姆挡，将万用表的红黑两只表笔分别接在导线两端相对应的接口上，如万用表显示的为 0，则证明导线为合格，如图 3-36 所示。

　　(3) 检测数据线，以确保数据线质量合格。检测数据线的工具为通信检测器，将网线的两端插在检测器的两个网孔接口处，按下数据测试按钮，如数据通信指示灯 1～8 为绿色并且闪烁则证明数据线工作正常质量合格，如指示灯为红色则证明数据线有质量问题，如图 3-37 所示。

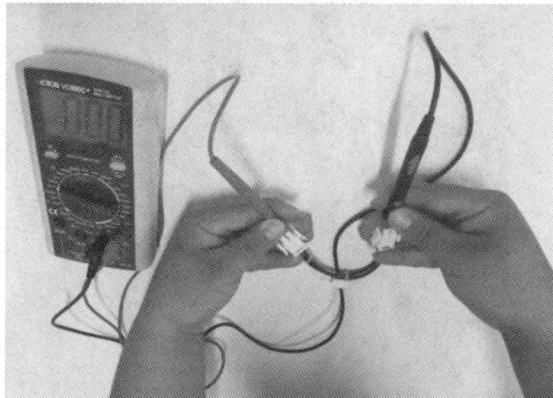

图 3-36　导线检测

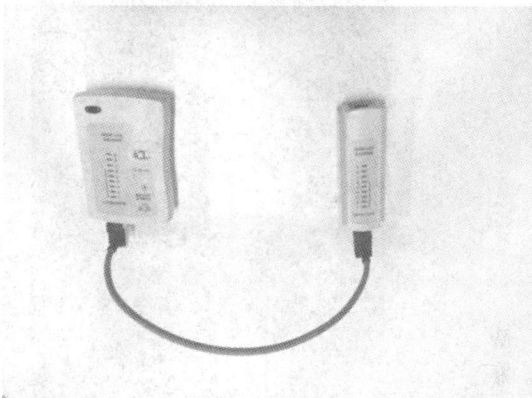

图 3-37　数据线检测

　　(4) 将动力线和制动线按照编号将一端连接在控制柜接口板上，如图 3-38 所示。按照布线标准将导线固定在控制柜相应的位置上，如图 3-39 所示。KUKA 机器人提供的标准导线长度都是根据控制柜的实际安装提供的，安装时应注意导线的长短与距离，使之与后续安装的 KPP 和 KSP 等组件相应的接口距离合适。

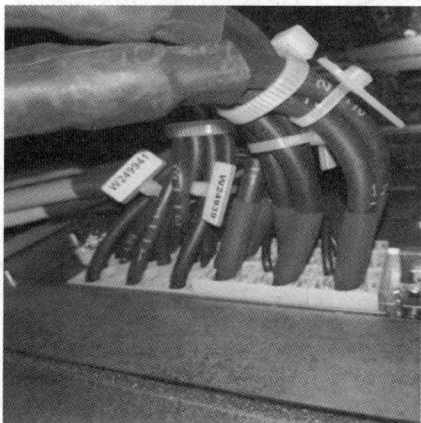

图 3-38　控制柜接口板电源线

图 3-39　控制柜电源线布线

(5) 将数据线按照编号将一端连接在控制柜接口板上，如图 3-40 所示。按照布线标准将导线固定在控制柜相应的位置上，如图 3-41 所示。KUKA 机器人提供的数据线长度都是根据控制柜的实际尺寸提供的，安装时应注意数据线的长短与距离，使之与后续安装的 CCU 和 SIB 等控制板相应的接口距离合适。此步安装的数据线主要用于连接 KUKA 控制柜柜门上安装的计算机，要考虑到开关门时的距离和线的保护。

图 3-40　控制柜接口板数据线　　　　图 3-41　控制柜数据线布线

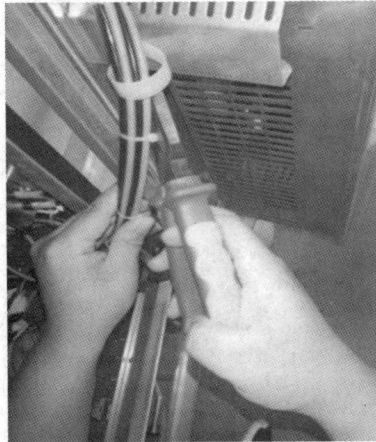

(6) 将剩余的供电线和数据线放在指定的位置，等控制柜所有配件安装完毕后，再进行安装连接。

2. CCU 的安装

CCU 是通过一块金属安装板安装在 KUKA 机器人控制柜中的。安装过程是先将 CCU 安装在金属安装板上，再将安装板固定在控制柜中。其具体安装步骤如下：

(1) 用湿毛巾擦拭一下手，佩戴好防静电手环，将防静电手环的另一端夹在可靠接地的工作平台 PE 线处。

(2) 将金属安装板正面朝上，平放在安装平台上，拆下所有螺丝，并将螺丝放在指定位置，为安装 CCU 做好准备。

(3) 将 CCU 从防静电包装中取出，正面朝上放在工作平台上，观察是否有划痕或者损坏。如无问题，使 CCU 缺角方向与金属安装板缺口方向保持一致并平放在金属安装板上，然后观察主板上的螺钉孔是否与金属板上的垫脚螺母(铜柱)对齐。待检查放置无误后，使用螺钉将主板固定到金属板上，如图 3-42 所示。固定螺丝时要保证 CCU 与安装板保持平行，安装螺丝时可以顺时针或逆时针方向安装，这样可以有效避免遗漏。固定时以对角固定方式，先紧对角螺丝，但不要紧到底，留有一定余量，当对角都初步固定之后，再进行紧固。固定过程中注意不要用力过大，螺丝刀不要刮到 CCU 主板，以免造成主板损坏。

(4) 将 CCU 安装金属板缺角一侧向下，倾斜一定角度并用手拖住其底部将其放入控制柜内，找到控制柜侧面的挂板槽的位置，将其挂在上面，调整金属安装板位置，使其安装螺孔位置与控制柜螺孔位置重合，用螺丝固定，如图 3-43 所示。至此 CCU 安装完毕。

图 3-42　CCU 主板固定　　　　　图 3-43　CCU 主板安装

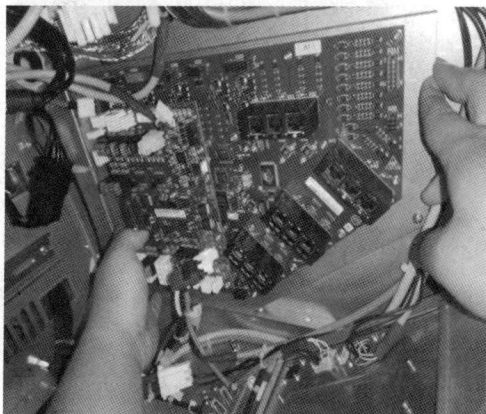

3. SIB 的安装

SIB 的安装与 CCU 的安装相似，都是通过一块金属安装板安装在 KUKA 机器人控制柜中的。安装过程是也是先将 SIB 安装在金属安装板上，再将安装板固定在控制柜中。其具体安装步骤如下：

(1) 佩戴好防静电手环，将防静电手环的另一端夹在可靠接地的工作平台 PE 线处。

(2) 将金属安装板正面朝上，平放在安装平台上，拆下所有螺丝，并将螺丝放在指定位置，为安装安全接口板 SIB 做好准备。

(3) 将安全接口板 SIB 从防静电包装中取出，正面朝上放在工作平台上，观察是否有划痕或者损坏。如无问题，由于 SIB 金属安装板没有缺角，只能观察 SIB 螺丝孔和金属安装板螺丝孔位置，将 SIB 板正面朝上放置在金属安装板上，然后观察主板上的螺钉孔是否与金属板上的垫脚螺母(铜柱)对齐。待检查放置无误后，使用螺钉将主板固定到机箱上，如图 3-44 所示。螺丝固定时的注意事项和安装方法与 CCU 固定时一样，此处不做过多描述。

(4) 将 SIB 安装金属板带有旋转螺丝的一侧向上，倾斜一定角度并用手托住其底部将其放入控制柜内部，将安装金属板底部放入安装槽内，竖直金属安装板同时调整金属安装板位置，使其安装螺孔位置与控制柜螺孔位置重合，将旋转螺丝顺时针旋转固定，如图 3-45 所示。至此 SIB 安装完毕。

图 3-44　SIB 主板固定

图 3-45　SIB 主板安装

4. KPP 和 KSP 的安装

KPP 和 KSP 的外形与尺寸相同，这里以 KPP 为例进行安装。KPP 和 KSP 的重量大约为 10 kg，安装时小心夹伤或者挤伤手，条件允许可以佩戴防护手套。其具体安装步骤如下：

(1) 佩戴好防护手套，小心拆开 KPP 的包装，并将其散热器朝下平放在地上。

(2) 将 KPP 产品标签向上，一只手托着 KPP 底部，一只手扶住 KPP 顶部，插入控制柜背板右边第一个位置的支撑角铁内，将其上部挂入背板安装角铁上。安装过程注意轻拿轻放，安装时动作幅度不宜过大，防止撞到其他元件或暴力安装导致安装板变形，使 KPP 无法可靠固定。KPP 安装方向如图 3-46 所示。

(3) 利用内六角扳手，将 KPP 固定在安装板上，如图 3-47 所示。

图 3-46　KPP 安装方向

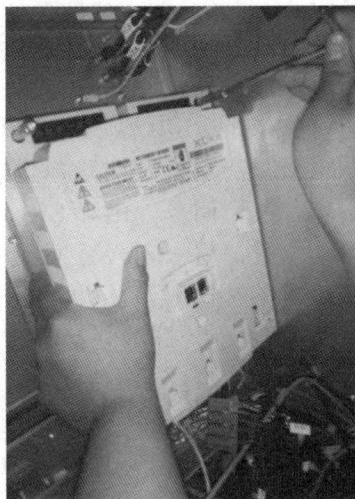

图 3-47　KPP 固定

(4) 重复步骤(2)、(3)，安装 KSP。

5. 线路接线

将供电线和数据线控制柜中的部件按照线路的原理和编号可靠地连接起来，安装过程应该注意插头、插座的方向，如缺口、倒角等，插接的插头一定要完全插入插座，以保证接触可靠。另外，在拔插时不要抓住连接线拔插头，以免损伤连接线。其具体操作步骤如下：

(1) 将供电线中的 PE 线(黄绿线)固定在指定位置上，如图 3-48 所示。

(2) 将供电线按照安装顺序安装设备的电源进线端，将从控制柜背部镇流电阻引入控制柜的电源线接口(G1—X7)连接在 KPP 的直流中间回路输入端(X7)上，再将 KPP 的电源中间回路输出端(X6)与 KSP 的中间回路输入端(X6)用电源线(G1—X6)连接，如图 3-49 所示。

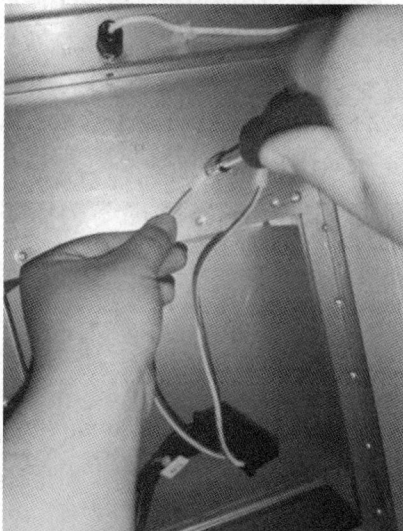

图 3-48　连接 PE 线　　　　　　　　　图 3-49　安装电源线

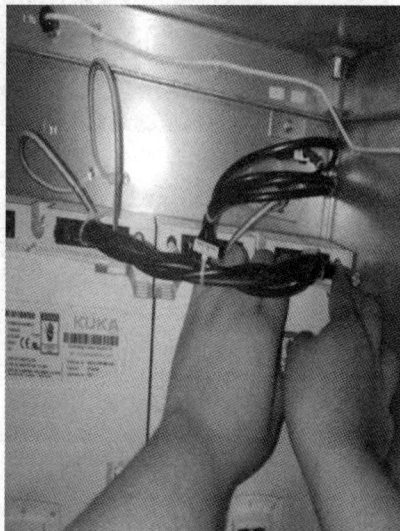

(3) 将电源进线(G1—X4)连接在 KPP 的交流电源输入端(X4)上，然后再将 A4、A5、A6 轴的伺服电机电源线 G1—X1、G1—X2、G1—X3 分别接在 KPP 的伺服电源输出端 X1、X2、X3 上，最后将 A1、A2、A3 轴的伺服电机电源线 T1—X1、T1—X2、T1—X3 分别接在 KSP 的伺服电源输出端 X1、X2、X3 上，如图 3-50 所示。

(4) 连接 KPP 和 KSP 伺服电机的制动电源线。先将 A4、A5、A6 轴的伺服电机制动电源线 G1—X31、G1—X32、G1—X33 分别接在 KPP 的伺服制动接口 X31、X32、X33 上，最后将 A1、A2、A3 轴的伺服电机制动电源线 T1—X31、T1—X32、T1—X33 分别接在 KSP 的伺服制动接口 X31、X32、X33 上，如图 3-51 所示。

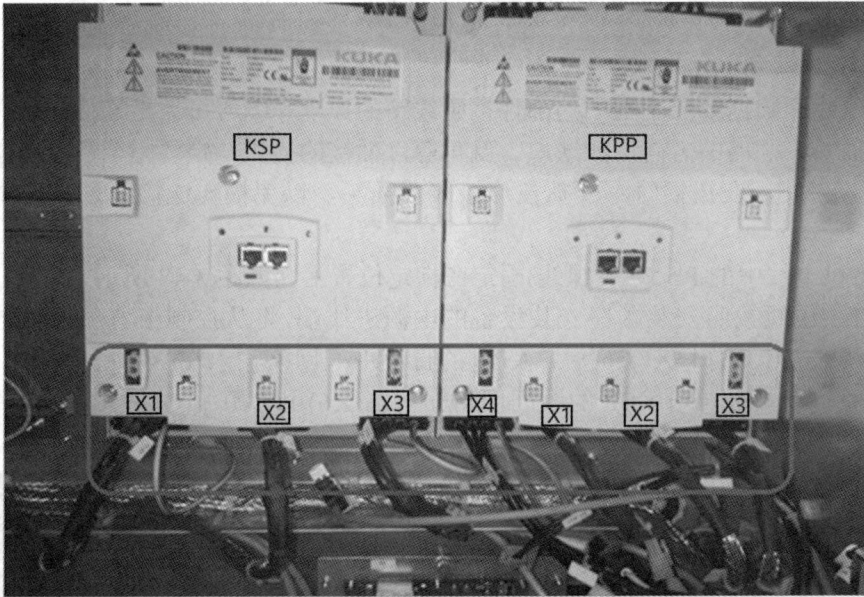

图 3-50　KPP 输出电源线接线

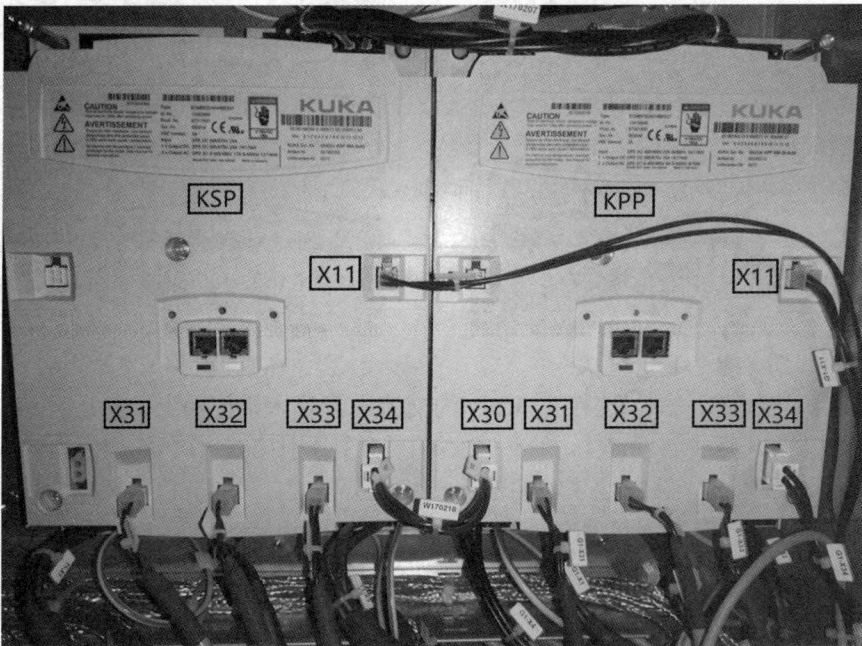

图 3-51　KPP 控制模块电源线接线

(5) 连接 KPP 和 KSP 的控制模块和制动供电输入端。首先找出编号为 A1—X3 的电线 (蓝色)，将其一端连接在主控柜控制板 CCU 的 X3 接口上，再将另一端的 G1—X34 接口连接在 KPP 的制动供电输入端口 X34 上；将 G1—X11 接口连接在 KPP 的控制模块供电输入端口 X11 上，再将另一端的 T1—X11 连接在 KSP 的控制模块供电输入端口 X11 上；最后将 KPP 的制动供电输出端口 X30 与 KSP 的制动供电输入端口 X34 用接口为 X30 和 X34 的导线连接，如图 3-51 所示。

(6) 连接 CCU 接线。按照顺时针顺序连接 RDC 电源线：将接口号为 A1—X21 的接口连接到 CCU 的 RDC 供电接口 X21 上，将接口号为 A1—X305 的导线连接到 CCU 的蓄电池供电输入接口 X305 上，将接口号为 A1—X1 的导线连接到 CCU 低压供电端子 X1 上，将接口号为 A1—X14 的导线连接到 CCU 的机箱内部风扇的供电接口 X14 上，将接口号为 A1—X308 的导线连接到 CCU 的电源桥接接口 X308 上，将接口号为 A1—X306 的导线连接到 CCU 的 SmartPAD 供电接口 X306 上，将接口号为 A1—X4 的导线连接到 CCU 的 KPP、KSP 和 KUKA 控制柜计算机风扇电源接口 X4 上，将接口号为 A1—X307 的导线连接到 CCU 的控制柜面板供电接口 X307 上，如图 3-52 所示。

图 3-52　CCU 控制板接线

(7) 连接 SIB 接线。按照顺时针顺序，首先将接口号为 A3—X250 的导线连接到 SIB 的电源供电接口 X250 上，然后将接口号为 A3—X252 的导线连接到 SIB 的安全输出接口接口 X252 上，最后将接口号为 A3—X253 的导线连接到 SIB 的安全输入接口 X253 上，如图 3-53 所示。

图 3-53　SIB 控制板接线

(8) 连接 KCB 和 KSB。先连接 KCB，依次将 CCU 控制板上面的接口 X32 和 KPP 的接口 X21 相连，将 KPP 的接口 X20 与 KSP 的接口 X21 相连，将 CCU 控制板上面的接口 X31 与 KUKA 计算机接口板的 KCB 接口相连，将 RDC 的数据接口与 CCU 的接口 X34 相连，KCB 连接完成。再连接 KUKA 系统总线 KSB，依次将 CCU 控制板上面的接口 X48 和 SIB 的接口 X256 相连，将 CCU 控制板上面的接口 X41 与 KUKA 计算机接口板的 KSB 接口相连，将 CCU 控制板上面的接口 X42 和 SmartPAD 数据线相连，KSB 连接完成，如图 3-54 所示。

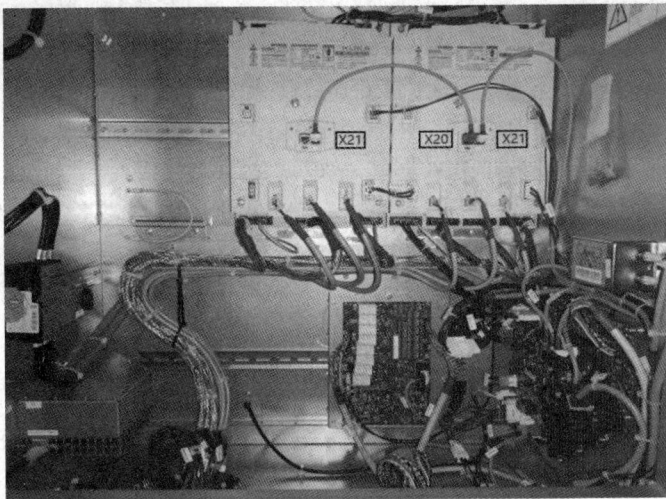

图 3-54　控制柜内部接线完成图

　　至此，控制柜内所有部件与接线安装完毕。接下来就是安装机器人位置等数据存储的重要单元 RDC。

3.3.4　RDC 的安装

　　安装 RDC 主板与安装 CCU 等主板的注意事项基本相同，具体的安装步骤为先固定主板，然后安装电源线、数据线，最后安装 EDS 芯片。其具体安装步骤如下：

　　(1) 用湿毛巾擦拭一下手，佩戴好防静电手环，将防静电手环的另一端夹在可靠接地的工作平台 PE 线处。

　　(2) 打开机器人后面的 RDC 安装盒盖，可以看到安装盒内部固定螺栓的位置和电源线、数据线以及 EDS，如图 3-55 所示。

　　(3) 从包装中取出 RDC 主板，将数据线从 RDC 主板的孔洞中穿出，电源线和 EDS 芯片置于主板上部，用扎带暂时固定，如图 3-56 所示。

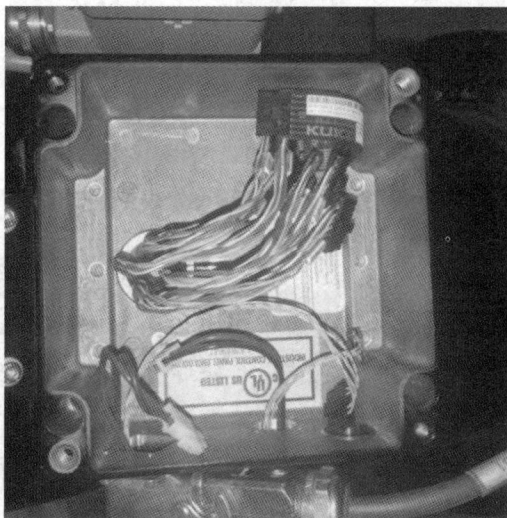

图 3-55　RDC 安装内部数据线　　　　　　　图 3-56　RDC 主板安装

　　(4) 观察 RDC 主板上的螺钉孔是否与安装盒上的垫脚螺母(铜柱)对齐。待检查放置无误后，使用螺钉将 RDC 主板固定到安装盒上，如图 3-57 所示。

　　(5) 先将接口编号为 X15 的电源线连接在 RDC 供电端口 X15 上，再将接口编号为 X17 的电源线连接在 RDC 给 EMD 供电端口 X17 上，最后将 A1 到 A6 轴的分解器数据线按照从下到上的顺序分别接在 X1 到 X6 插头上，如图 3-58 所示。

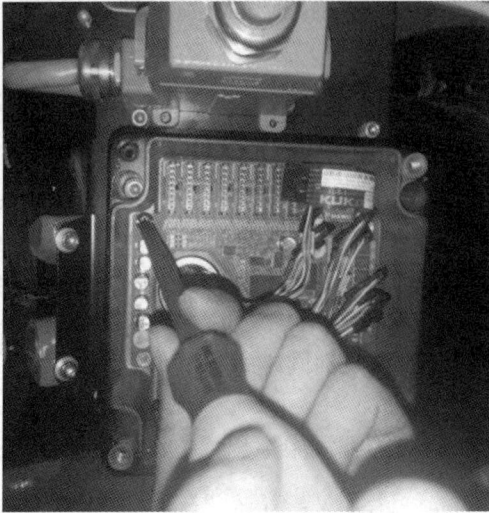

图 3-57　RDC 主板固定　　　　　　　　图 3-58　RDC 电源线安装

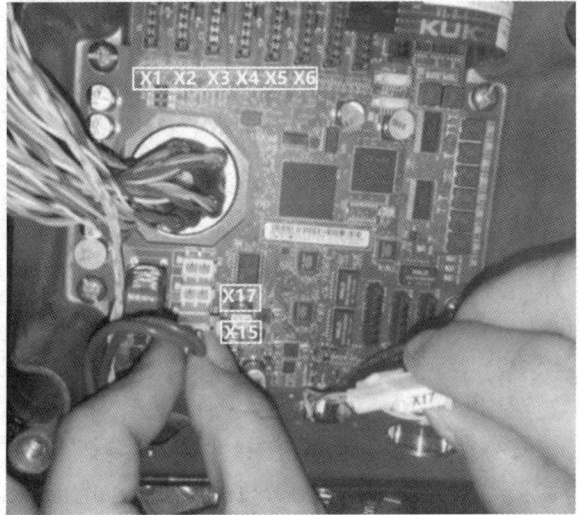

　　(6) 先将 EDS 芯片的一端固定在安装盒的指定位置(一般在 RDC 主板的右侧上方)，再将 EDS 芯片的另一端连接在 RDC 存储卡接口 X13 上，如图 3-59 所示。

　　(7) 安装盒盖板并用螺丝固定好，RDC 安装完毕，如图 3-60 所示。

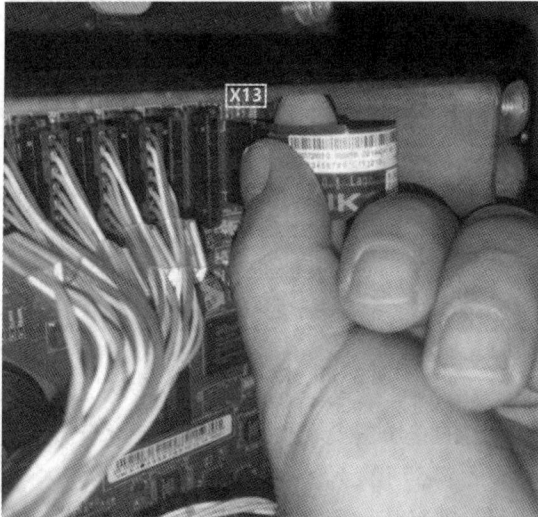

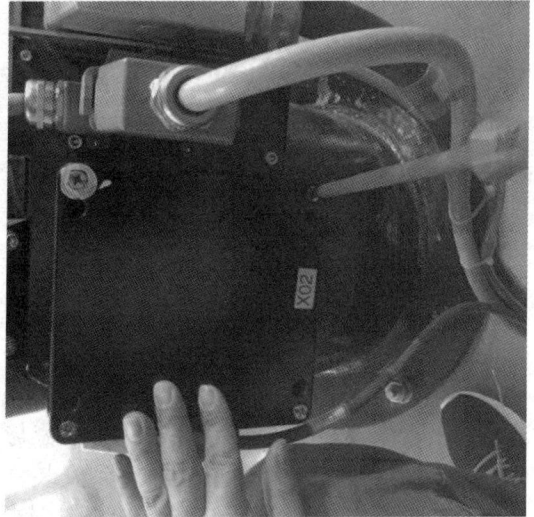

图 3-59　EDS 安装　　　　　　　　　图 3-60　RDC 安装盒盖板安装

　　安装完成后，接通电源，打开控制柜开关，如能正常开机，证明安装成功，任务完成。

3.4　拓 展 与 习 题

1. 拓展项目

实训车间有一台 KUKA 机器人能够正常开机，开机后 SmartPAD 显示屏信息窗口显示故障代码 26032，打开控制柜门，发现 KPP 供电 LED 组和设备状态 LED 指示灯红灯都亮起，试判断故障并进行维修。

2. 习题

(1) KUKA 机器人控制柜由哪些部件组成？

(2) KPP 是什么？有什么作用？

(3) 为什么在查找故障时不应该将两个相同型号的 KSP 交叉更换？

(4) KUKA 机器人控制系统有哪些总线？

(5) 在安装 RDC 时有什么注意事项？

(6) 如何检测网络线是否可靠通信？

(7) 什么是电子数据存储器？其用途是什么？

(8) 试画出 KUKA 机器人 KCB 总线的结构图。

(9) 试画出 KUKA 机器人 KSB 总线的结构图。

项目四　机器人网络配置与故障诊断

(1) 熟悉一般网络构件的作用与结构；

(2) 掌握 KUKA 机器人系统的网络种类；

(3) 掌握 KUKA 机器人的 IP 地址设置过程；

(4) 掌握 KUKA 机器人网络故障诊断过程。

4.1　项目任务

通过观察和查询现场 KUKA KRC4 机器人控制柜设备清单绘制控制总线网络和系统总线网络连接图，同时完成 KEB 总线的配置。利用故障信息诊断功能查询网络故障代码为 13008 的故障原因。

4.2　相关知识点学习

4.2.1　网络概述

根据携带信息的不同，网络有不同分类方法。按照网络中有没有使用电力驱动设备或元件来传输信号，网络分为两大类：无源网络和有源网络。无源网络即网络中未使用电力驱动设备或元件，如交换机和放大器。有源网络即网络中使用了电力驱动设备或元件。除了概念上的区别外，在组建网络时，无源网络和有源网络在其他方面也有不同。

1. 无源铜网络

无源铜网络种类很多，家庭有线电视网络就是常见的无源铜网络之一。在有线电视网络中，服务供应商是通过同轴电缆将电视信号输送到用户家中。而当用户家中有多台电视时，需要用分路器将同轴电缆中的电视信号分成多个，以保证每一台电视都能提供服务。分路器是一种无源器件，有一个输入口和多个输出口，通常有 2～4 个输出口，如图 4-1 所示。

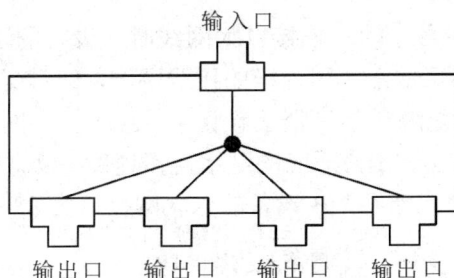

图 4-1　无源网络

在上述网络中，电视信号常常会因为分路而减弱，而且当分路数较多时，可能造成每台电视都不能正常播放节目，这时就需要使用有源有线电视网络。

2. 有源铜网络

有源铜网络与无源铜网络不同的是，有源铜网络中增加了放大器，用来将分路后衰减的电视信号放大，从而保证信号能进行远距离传输。放大器为有源设备，使得有源铜网络的结构更加复杂，而且使网络更加依赖这些有源设备，一旦有源设备停止工作，整个有源铜网络也不能正常工作。

3. 无源光网络

无源光网络与无源铜网络十分类似，不同的是无源光网络中使用的是光缆而不是同轴电缆。在任何无源光网络中，需要使用耦合器，负责分路或者耦合光信号。

现在大部分耦合器都具有可双向运行的功能，即既可以分路光信号又可以耦合光信号，而且任何一个端口既可以是输入端口也可以是输出端口。而在无源光网络应用中，用来分光的耦合器通常被称为光分路器。与无源有线电视一样，光信号从输入端分光到各个输出端时也会有一定的损耗，因此无源光网络应用中的分光路数也有限制，一般不超过 32 路。

4. 有源光网络

有源光网络和有源铜网络十分类似，不同的是有源光网络中光缆连接到交换机，有源铜网络中是同轴电缆连接到放大器。这里的交换机是一种有源设备，用来将数据转发给各个终端用户。这种网络可以克服无源光网络中光信号损耗的问题，但是其结构也更加复杂，而且需要电源供电，一旦交换机断电或出现故障，所有的终端用户将不能接收到数据信号。

4.2.2　无源网络组件

1. 以太网接线

网络线缆连接在两个设备之间。连接以太网线时，设备的以太网接口可以采用开放式端子连接，特别是专用设备，常常使用这样的接线端子，但对交换机和计算机等通用设备，为方便用户使用，按照相关标准，控制器上设计了 RJ-45 以太网接口。RJ-45 接口是常用的以太网接口，支持 10 M 和 100 M 自适应的网络连接速度。以太网接线如图 4-2 所示，其中 A 设备的以太网接口为开放式端子，B 设备的以太网接口为 RJ-45 接口。

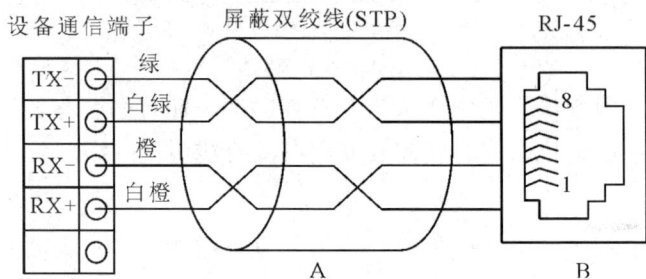

图 4-2　以太网接线

2. 以太网插头

RJ-45 是美国联邦通信委员会(FCC)制定的一种标准通信布线插座，规定了插头、插座的结构和其针脚布局。

当以太网的一端连接交换机或计算机等设备时，需要用专用压线工具制作 RJ-45 插头，俗称水晶头，常常被称为以太网插头，如图 4-3 所示。

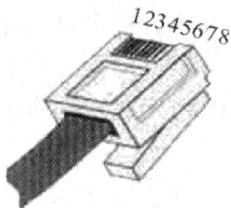

图 4-3　以太网插头

3. RJ-45 线缆

RJ-45 线缆内有 8 根线，其布局有直通型和交叉型两种，如图 4-4 所示。直通型的线缆号码从 1 号到 8 号依次为橙白、橙、绿白、蓝、蓝白、绿、棕白、棕；交叉型线缆号码从 1 号到 8 号依次为绿白、绿、橙白、蓝、蓝白、橙、棕白、棕。一般使用直通型，当两个类型一样的设备使用 RJ-45 接口连接通信时，必须使用交叉线连接。

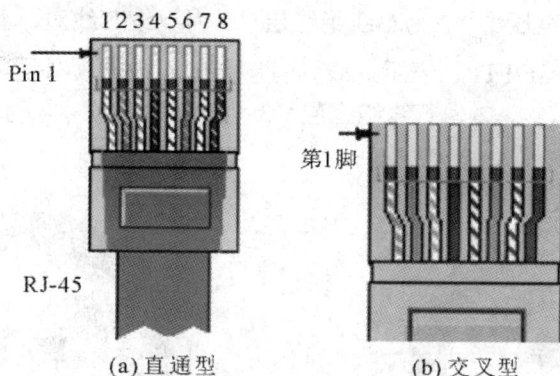

图 4-4　RJ-45 线缆

RJ-45 直通型以太网线缆的针脚作用如表 4-1 所示。

表 4-1　RJ-45 太网线缆的针脚

针脚(Pin)	信　号	颜　色	备　注
1	TX+	白色/橙色	—
2	TX−	橙色	—
3	RX+	白色/绿色	—
4	—	—	—
5	—	—	—
6	RX−	绿色	—
7	—	—	—
8	—	—	—

以太网线缆使用屏蔽双绞线。双绞线为交叉编织或捻成绳的双芯线组成的铜质电缆。

线缆名称编制规则为 X/YZ，其中 X 表示线束外层保护的属性，Y 表示线束保护的属性，Z 表示绞束属性，具体情况如表 4-2 所示。

表 4-2　太网线缆屏蔽双绞线规则

X	Y	Z
U = 无屏蔽 F = 铝箔屏蔽 S = 双绞屏蔽 SF = 双绞屏蔽和铝箔屏蔽	U = 无屏蔽 F = 铝箔屏蔽 S = 双绞屏蔽	TP = 双绞线对

例 1　线缆代号为 U/UTP，表示导线为无屏蔽的双绞线，外面防护层也没有屏蔽，如图 4-5 所示。其中，1 为芯线，2 为芯线绝缘层，3 为双绞芯线对，4 为电缆护套。

例 2　线缆代号为 SF/FTP，表示导线为有屏蔽的双绞线，外面防护层也有屏蔽，如图 4-6 所示。其中，1 为芯线，2 为芯线绝缘层，3 为双绞芯线对，4 为双绞线屏蔽层，5 为电缆护套，6 为电缆屏蔽层。

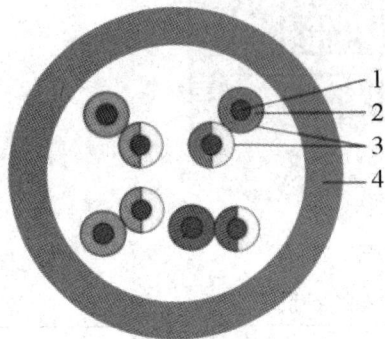

图 4-5　无屏蔽双绞线　　　　　　　　　　　图 4-6　有屏蔽双绞线

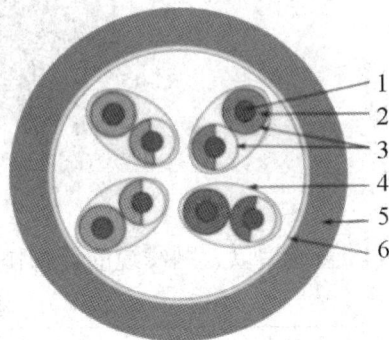

双绞线有七种类型，如表 4-3 所示。

表 4-3　双绞线种类

类别	电缆型号	频率/Hz	应　用	备　注
CAT-1	UTP-1	100 k	仅提供信息	
CAT-2	UTP-2	100 k	仅提供信息	
CAT-3	UTP-3	16 M	电话	
CAT-4	UTP-4	20 M	电话(Ring Bus Token)	令牌总线
CAT-5	UPT，S/FTP	100 M	100/1000BASE-T	一种新的以太网技术
CAT-6	S/FTP	250 M	100/1000/10G BASE-T	一种新的以太网技术
CAT-7	S/FTP	600 M	100/1000/10G BASE-T	一种新的以太网技术

其中，CAT-1～CAT-4 一般用作电话线缆，可为单芯或多芯。

值得注意的是，网络只可采用 5～7 类双绞线，网络电缆的最大长度不得超过 100 m，且中间没有连接任何有源组件。

4.2.3　有源网络组件网卡

网卡(NIC)是连接电脑与本地网络的电子线路。每块网卡都拥有全球独一无二的识别码，即 MAC 地址。该地址可从网卡上直接读取，也可利用其他工具(Ipconfig)读取。高端网卡使用 1000 Mb/s 的传输速度。网卡采用配备 RJ-45 插头的双绞线电缆(1000BASE-T)来连接。普通网卡只拥有一个以太网接口，特殊网卡会拥有多个(多达 4 个)以太网接口。大部分网卡都能接受各种参数化设置，极少需要手动配置。最通常的设置项为速度和双工模式。

全双工是能同时进行发送与接收的双向式数据传输方法。半双工是只能发送或者只能接收的单向式数据传输方法。

设置双工模式的操作步骤如下：

(1) 在 Windows 的"开始"菜单中选择"控制面板"。

(2) 单击"系统"。

(3) 选取"硬件"。

(4) 选取"设备管理器"项目下的"网络适配器"。

(5) 选取正确的局域网卡。

(6) 用鼠标右键单击"属性"。

(7) 单击"高级"，进入双工模式。

4.2.4　KUKA 工业机器人网络组件

1．KUKA 控制柜计算机网卡

KUKA 机器人在 KPC 上有一个独立网卡 (KUKA Dual NIC)，它包含两个 1000 Mb/s 局域网适配器，可以构建两个虚拟局域网 (VLAN)，如图 4-7 所示。第一个端口构建 KUKA 控制器总线。第二个端口与 PC 型号相关，当 PC 主板型号为 D2608-K 时，第二个端口为 KLI 线路接口；当 PC 主板型号为 D3076-K 时，第二个端口为 KSB 系统总线接口，如图 4-8 所示。

图 4-7　KUKA Dual NIC 网卡

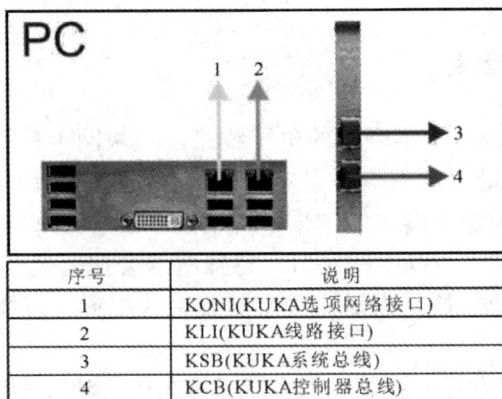

序 号	说 明
1	KONI(KUKA选项网络接口)
2	KLI(KUKA线路接口)
3	KSB(KUKA系统总线)
4	KCB(KUKA控制器总线)

图 4-8　KUKA PC 网络端口

　　在 KR C4 中，Dual NIC 在设备管理器中不显示在网络适配器下。此卡不由 Windows 管理，不在 Windows 中进行参数配置，而是由 KUKA 实时操作系统 VX-Works 进行管理的。

　　全部网络适配器均在 KUKA Realtime OS Device 下显示。只有 KLI 端口(KUKA 线路接口)才可直接在 KUKA HMI 上接受参数设置。利用 WorkVisual 软件进行参数设置的界面如图 4-9 所示(本书项目五将会介绍软件的使用)。

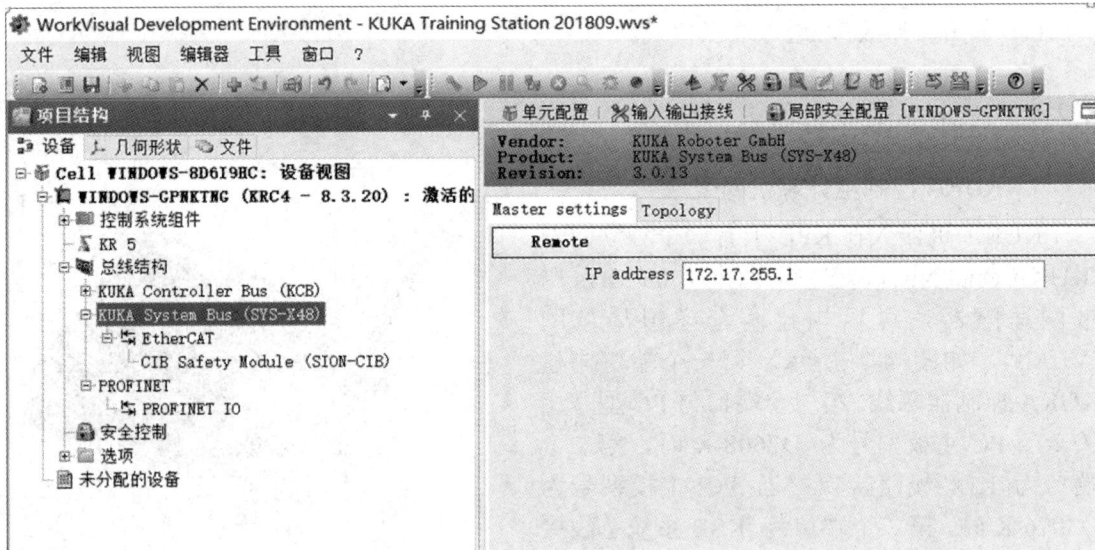

图 4-9　KLI 参数设置

2. 交换机

交换机(Switch)通常以硬件为基础,可实现最短的接线环路。交换机的作用是尝试确定数据包的接收方,然后将数据包传送到该接收方的端口。只有在交换机无法确定接收方的情况下,才会将数据包发送给网络内的所有用户。这样,一个本地网络的可用宽带便可高效地分配给实际需要的用户。

交换机有非管理型和管理型两种。

非管理型交换机支持 10/100/1000 Mb/s 的数据传输。管理型交换机可利用网页界面来进行配置。因此,该交换机必须从一个 VLAN 中获得一个 IP 地址以启动。这些可用端口可分配给不同的 LAN 网段。不同的 VLAN 均相互隔离,具有不同的 IP 地址,可具有不同的子网掩码。只有相同 VLAN 内的网络用户才能直接互换数据,如图 4-10 所示。

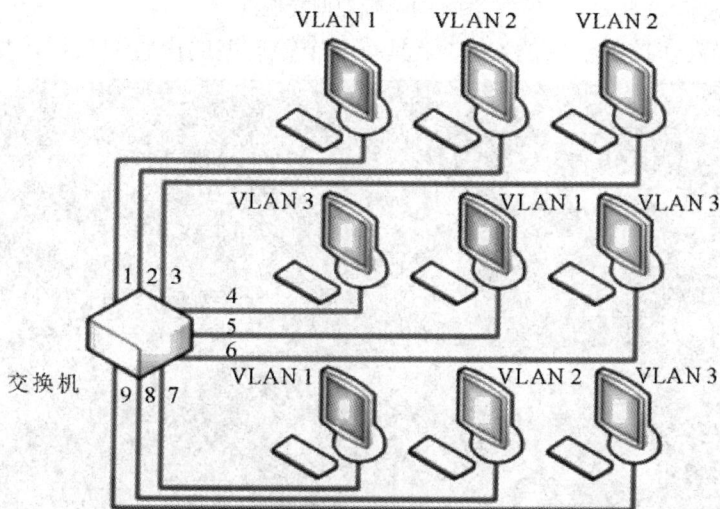

图 4-10 交换机

3. KUKA 内置管理型交换机

KR C4 中可以使用两种交换机(管理型和非管理型),至于选用哪一种则视具体用途而定。所有交换机均适用于构建工业以太网 10/100 Mb/s 线形、星形或环形结构。它们由各自的 24 V DC 电源供电,可安装在一条 DIN 导轨上。图 4-11 为 8 端口管理型快速通道交换机。

管理型交换机的用途广泛。它配有两个 VLAN。数据密集型应用程序(如 Vision 系统)可与其他设备进行数据交换,可确保实时通信的顺畅进行。

图 4-11 管理型交换机

KUKA 机器人在控制柜内的 CCU 上具有一个管理型的内置交换机，如图 4-12 所示。

图 4-12 KUKA 管理型的内置交换机

KUKA 管理型的内置交换机包括 KUKA 控制器总线(KCB)、KUKA 系统总线(KSB)、KUKA 扩展总线(KEB)和 KUKA 服务接口(KUKA Service Interface，KSI)4 个 VLAN。其中的管理由电路板上一个固件来加以保证。

4. ARP 地址解析协议

当使用交换机时，需要将一个 ARP 地址解析协议表导入到一个交换机。该表为每个端口在此连接的网络用户的 IP 地址和 MAC 地址详细信息。

例如，4 台计算机通过交换机组成一个网络，如图 4-13 所示。

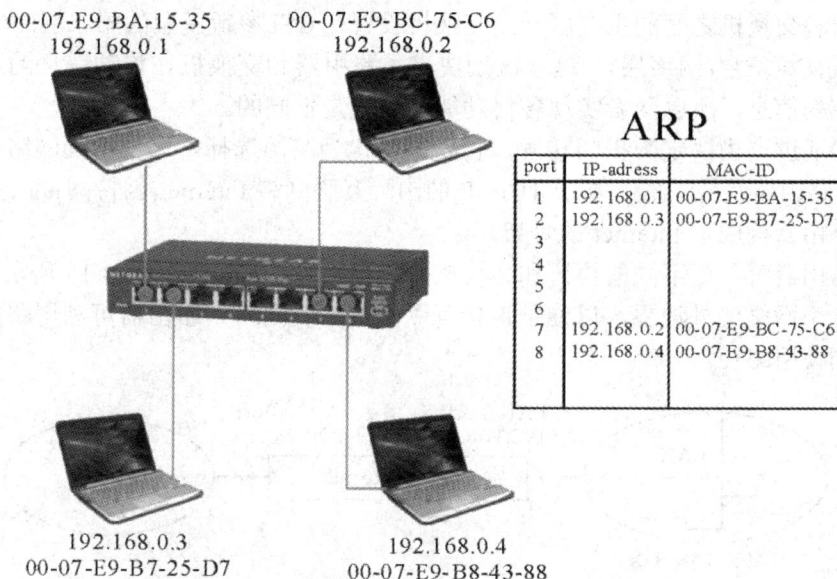

图 4-13 交换机组成的网络及其地址转换协议

在没有地址解析表的情况下,如果 PC 192.168.01 向 PC 192.168.0.4 传输数据包,在 ARP 缓存中还没有条目,则交换机不知道已连接目标计算机上的哪个端口。在该情况下,将向所有端口发送 ARP 询问(集线器行为)。填写 ARP 表,如图 4-13 所示。此时目标计算机用所属的 MAC 识别号通过端口 8 进行登记。

在 ARP 缓存中进行端口特定的登记,可以直接通过端口 8 传输下一个数据包,而不需要为此专门进行单独的 ARP 询问。

5. 路由器

路由器(Router)是一种计算机网络设备,是连接因特网中各局域网、广域网的设备,如图 4-14 所示。它会根据信道的情况自动选择和设定路由,以最佳路径按前后顺序发送信号。路由器从一个接口上收到数据包,根据数据包的目的地址进行定向并转发到另一个接口,这个过程称为路由。路由器是连接两个以上网络的设备,是互联网络的枢纽,相当于网络中的"交通警察"。路由工作在 OSI 模型的第三层——网络层。

图 4-14 路由器

　　路由器和交换机之间的主要区别是交换机设置在 OSI 参考模型的第二层(数据链路层)，而路由设置在第三层(网络层)。这一区别决定了路由器和交换机在移动信息的过程中需使用不同的控制信息，所以两者实现各自功能的方式是不同的。

　　路由器通过路由决定数据的转发，转发策略称为路由选择。作为不同网络之间互相连接的枢纽，路由器系统构成了基于 TCP/IP 的国际互联网络 Internet(因特网)的主体脉络，也可以说，路由器构成了 Internet 的骨架。

　　借助路由器可利用不同的协议和架构连接多个网络，其原理如图 4-15 所示。路由器通常设定了一个网络的外边界，以便于连接互联网或另一网络。路由器可利用路由选择表决定数据包的使用路径。

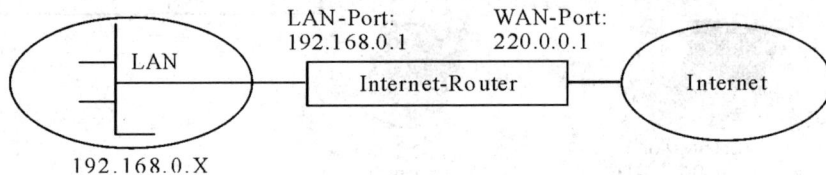

图 4-15　路由器的原理

　　路由器具有判断网络地址和选择 IP 路径的功能，它能在多网络互联环境中建立灵活的连接，可用完全不同的数据分组和介质访问方法连接各种子网。它不关心各子网使用的硬件设备，但要求运行与网络层协议相一致的软件。

　　路由器分本地路由器和远程路由器。本地路由器是用来连接网络传输介质的，利用光纤、同轴电缆或双绞线传输信号；远程路由器是用来连接远程传输介质，并要求相应的设备，如电话线要配调制解调器，无线通信要通过无线接收机和发射机进行。

4.2.5　网址

1. IP 协议

　　IP(Internet Protocol)即"网络之间互连的协议"，也就是为计算机网络相互连接进行通信而设计的协议，用来明确识别网络中所有站点的地址。IP 地址类似于一个通信地址中的地区、街道所在及门牌号。在因特网中，它能使连接到网上的所有计算机网络实现相互通信，规定了计算机在因特网中进行通信时应当遵守的规则。任何厂家生产的计算机系统，只要遵守 IP 协议就可以与因特网互联互通。正是因为有了 IP 协议，因特网才得以迅速发展成为世界上最大的、开放的计算机通信网络。因此，IP 协议也可以叫做"因特网协议"。

Internet 会给连在其上的计算机分配一个编号，这个编号就是 IP 地址。大家日常见到的情况是每台联网的 PC 都需要有 IP 地址才能正常通信，如图 4-16 所示。我们可以把 PC 比作"一部电话"，那么 IP 地址就相当于电话号码，而 Internet 中的路由器就相当于电信局的程控式交换机。

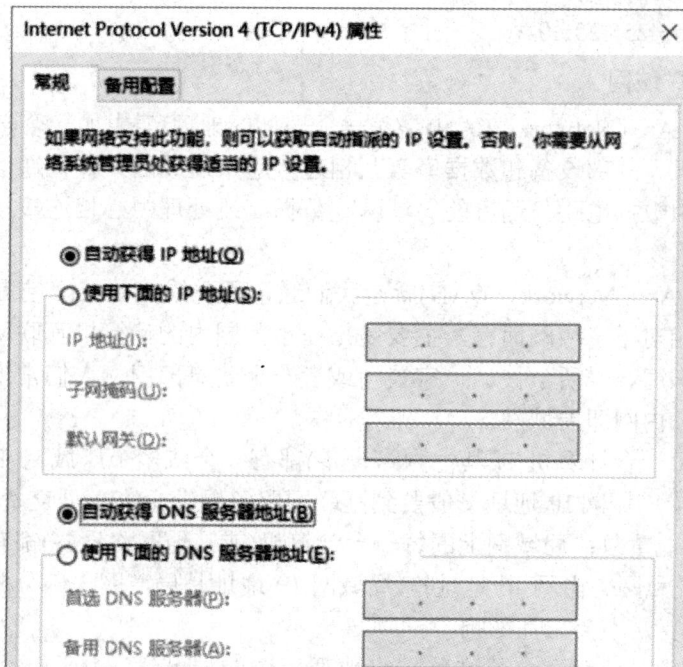

图 4-16　IP 协议设置

IP 地址是一个 32 位的二进制数，通常被分割为 4 个 8 位二进制数(也就是 4 个字节)，每一段最大不超过 255。IP 地址通常用点分十进制表示成"a.b.c.d"的形式，其中 a、b、c、d 都是 0~255 的十进制整数。

例如，IP v4 地址的十进制形式为 192.168.0.1，实际上相当于一个 32 位的二进制数：11000000.10101000.00000000.00000001。

2. 子网

子网络或子网是一个网络中的物理单元,在该网络中各种 IP 地址使用相同的网络地址。子网之间可以借助路由器相互连接，并因此形成一个大的关联网络。每个 IP v4 地址均包含两种信息：站点地址和网络地址。子网掩码作为过滤器使用，可从 IP v4 地址中过滤网络地址和站点地址，视具体使用的网络地址和子网掩码而定。一个子网内可定义一定数量的网络站点(Host)地址。

子网掩码是将 IP 地址中一个关联地址范围划分成多个小地址范围，通常称其为子网划分。

常见的地址输入方式举例：

IP 地址：192.168.2.34；

子网掩码：255.255.255.0。

3. 局域网与广域网

局域网(Local Area Network，LAN)是在一个局部的地理范围(如一个学校、工厂和机关)内，将各种计算机、外部设备和数据库等互相连接起来组成的计算机通信网。它可以通过数据通信网或专用数据电路与远方的局域网、数据库或处理中心相连接，构成一个大范围的信息处理系统。

广域网(Wide Area Network，WAN)就是我们通常所说的 Internet，它是一个遍及全世界的网络。局域网相对于广域网而言，主要是指在小范围内的计算机互联网络。这个"小范围"可以是一个家庭、一所学校、一家公司或者一个政府部门。人们常说的公网、外网即广域网，而私网、内网即局域网。

广域网上的每一台计算机(或其他网络设备)都有一个或多个广域网 IP 地址(或者说公网、外网 IP 地址)，广域网 IP 地址一般要到互联网服务提供窗(ISP)处交费之后才能申请到，广域网 IP 地址不能重复；局域网上的每一台计算机(或其他网络设备)都有一个或多个局域网 IP 地址(或者说私网、内网 IP 地址)，局域网 IP 地址是局域网内部分配的，不同局域网的 IP 地址可以重复，不会相互影响。

局域网的名字本身就隐含了这种网络地理范围的局域性。由于较小的地理范围的局限性，LAN 通常要比 WAN 具有高得多的传输速率。例如，目前 LAN 的传输速率为 100 Mb/s～1 Gb/s，FDDI 的传输速率为 100 Mb/s，而 WAN 的主干线速率理论值可以达到 100 Mb/s。

4. 协议

协议即网络协议的简称，它是通信计算机双方必须共同遵守的一组约定，如怎样建立连接、怎样互相识别等。只有遵守这个约定，计算机之间才能相互通信交流。协议的三要素是语法、语义和时序。

协议对在网络中如何交换数据有着极为具体的规定：

(1) 何种信息应打包到数据包中以及在何处将这些信息重新拆包。

(2) 不同制造商的不同设备可在网络中相互交换数据。

(3) 数据传输有多种协议可供选择。

常见协议如下：

HTTP：超文本传送协议，例如用于说明如何解析网址。

FTP：文件传输协议，即文件之间的协议。

TCP：传输控制协议，规定了网络用户之间的数据传输。

UDP：用户数据报协议，它是 TCP 的备用协议。

IP：互联网协议，规定了网络用户的定址。

TCP/IP：网络协议，即 Transmission Control Protocol/Internet Protocol，由 TCP 协议和 IP 协议组成。在传输文件时，TCP 的任务是将文件分割成多个小数据包(IP 数据包)，并为其制定相应的编号，随后再将这些已附有编号的 IP 数据包通过网络传送出去。在接收文件时，TCP 的任务是按照正确顺序将 IP 数据包重新组合成一个文件。

5. 分配 IP 地址

IP 地址分配为实现网络通信，所有用户必须拥有单独的 IP 地址。IP 地址可通过两种方法来分配。一种方法是利用 DHCP(Dynamic Host Configuration Protocol，动态主机配置协议)自动分配。这样，网络配置通过一个服务器来指派。另一种方法是手动分配 IP 地址。

1) 借助 DHCP 自动分配 IP 地址

DHCP 是管理 TCP/IP 网络内的 IP 地址且可将这些地址分配给各站点的协议。每个站点必须进行下列设置：分配一个唯一的 IP 地址、分配一个子网掩码、分配默认网关或标准网关、分配 DNS(域名系统)服务器地址。

每个网络点都可利用 DHCP 要求获得一个 DHCP 服务器的地址配置，然后自动进行配置。这样，IP 地址不再需要手工式的管理和分配。

借助 DHCP 自动分配 IP 地址的操作步骤如下：

(1) 在 Windows(WIN7)中调用控制面板→网络连接→网络和共享中心。

(2) 调用适配器设置更改，如图 4-17 所示。

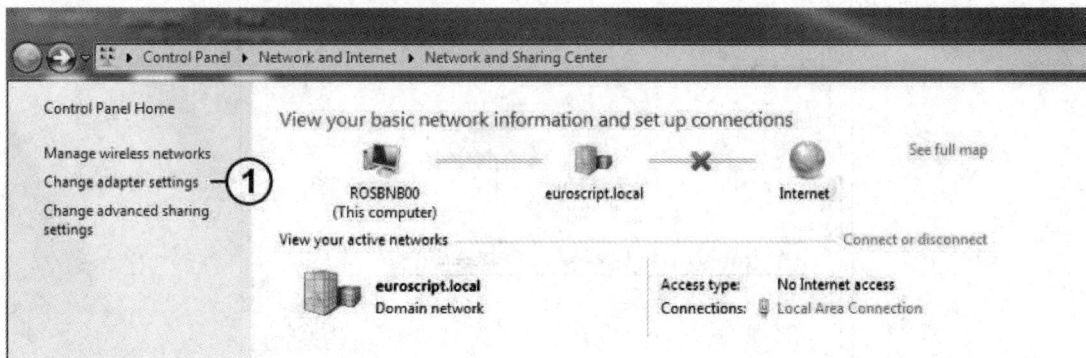

图 4-17　适配器设置

(3) 用鼠标指定正确的 LAN 卡，并双击打开，如图 4-18 所示。

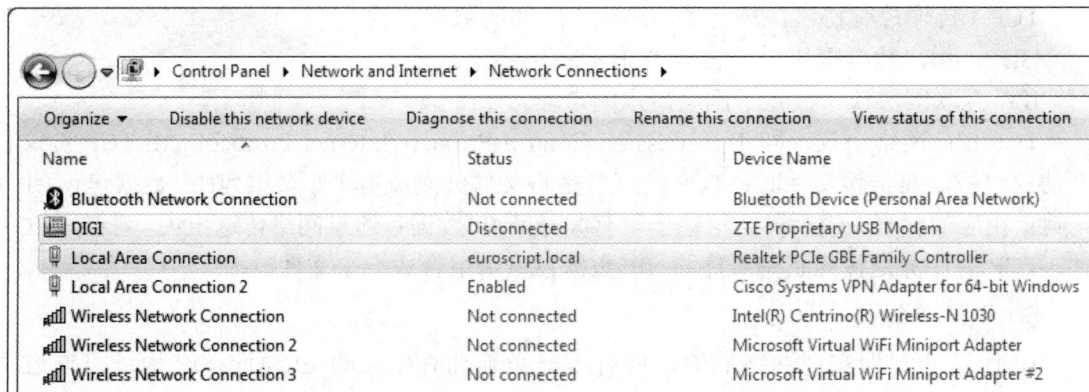

Name	Status	Device Name
Bluetooth Network Connection	Not connected	Bluetooth Device (Personal Area Network)
DIGI	Disconnected	ZTE Proprietary USB Modem
Local Area Connection	euroscript.local	Realtek PCIe GBE Family Controller
Local Area Connection 2	Enabled	Cisco Systems VPN Adapter for 64-bit Windows
Wireless Network Connection	Not connected	Intel(R) Centrino(R) Wireless-N 1030
Wireless Network Connection 2	Not connected	Microsoft Virtual WiFi Miniport Adapter
Wireless Network Connection 3	Not connected	Microsoft Virtual WiFi Miniport Adapter #2

图 4-18　指定 LAN 卡

(4) 在 LAN 连接状态窗口中单击属性设置，如图 4-19 所示。机器人网络属性设置需要有管理员权限才能进行。

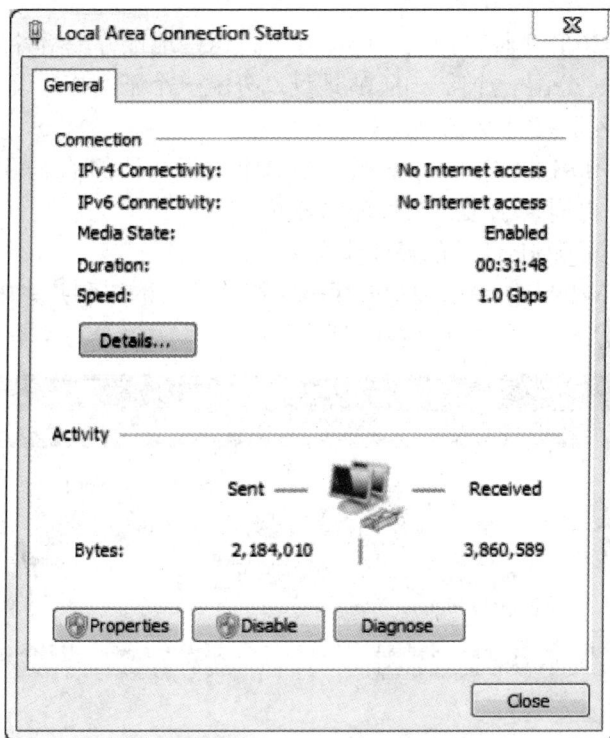

图 4-19　LAN 连接状态

(5) 在网络选项卡中标记网络协议版本 4(TCP/IPv4)，打开所选的属性，如图 4-20 所示。

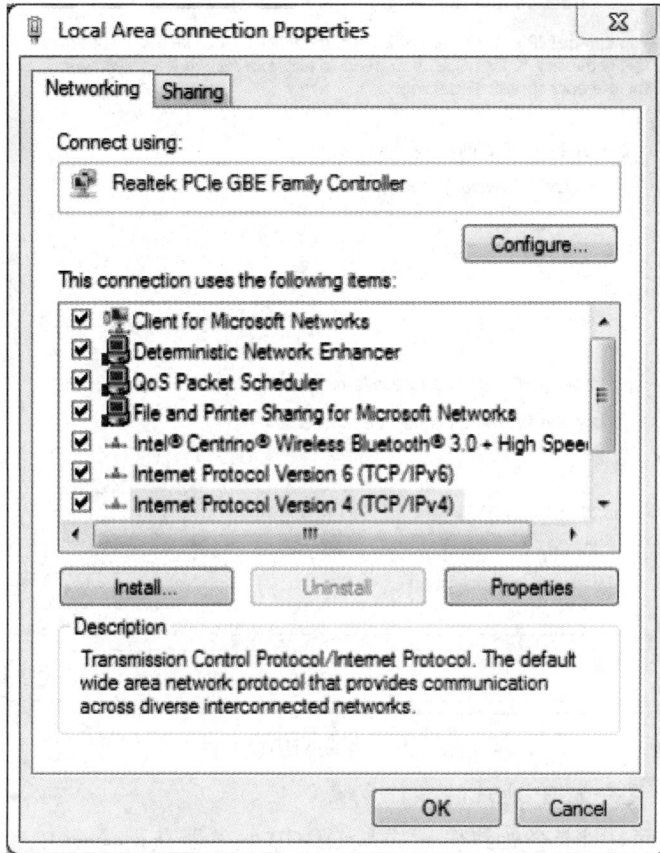

图 4-20　网络连接的属性窗口

(6) 单击"Properties"(属性)按钮，如图 4-21 所示。

(7) 单击"Obtain an IP address automatically"(自动获取 IP 地址)。

(8) 单击"OK"按钮关闭窗口。

2) 手动分配 IP 地址

手动输入时，所有参数均须在每个客户端分别输入。不是位于同一网络中或者路径不明的所有数据包均会发给默认网关。为使默认网关获得响应，其必须处在同一网络内。倘若没有配置默认网关，数据包会因为没有目的地址而导致无法发送。

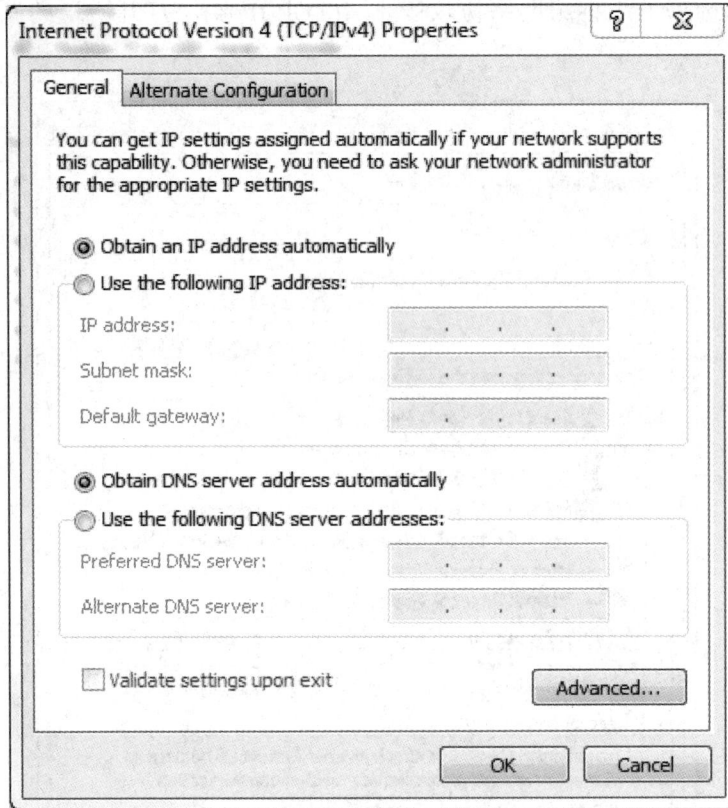

图 4-21　互联网协议属性

3) 借助备用配置分配 IP 地址的操作步骤

在选项配置方面，网卡会始终尝试先从 DHCP 服务器获得一个 IP 地址。如果在一定时间内无法获得 IP 地址，那么就将自动载入选项配置。在这种方法中，不再进行 DHCP 与手动配置之间的持续切换。

借用备用配置分配 IP 地址的操作步骤如下：

(1) 重复上述借助 DHCP 自动分配 IP 地址的操作步骤(1)~(4)。

(2) 单击备用配置选项卡，如图 4-22 所示。

(3) 在"用户配置"时输入 IP 地址及相应的子网掩码(本例中的 IP 地址为任选)。

(4) 检查 IP 地址。通过"LAN 连接"状态窗口显示当前的网络连接。虽然已分配了一个可选的 IP 地址，但仍然激活了自动 IP 地址。自动分配的网络地址只在特定时限内有效，过期后(有效时间)将会出现以下情况：如果用户仍然在网络里活动，则延长有效时间；如果用户已离开网络，则在下次登录网络时将被分配新的 IP 地址和有效时间。

Internet Protocol Version 4 (TCP/IPv4) Properties

General | Alternate Configuration

If this computer is used on more than one network, enter the alternate IP settings below.

○ Automatic private IP address

◉ User configured

IP address: 172 . 31 . 1 . 200

Subnet mask: 255 . 255 . 0 . 0

Default gateway: . . .

Preferred DNS server: . . .

Alternate DNS server: . . .

Preferred WINS server: . . .

Alternate WINS server: . . .

☑ Validate settings, if changed, upon exit

OK　　Cancel

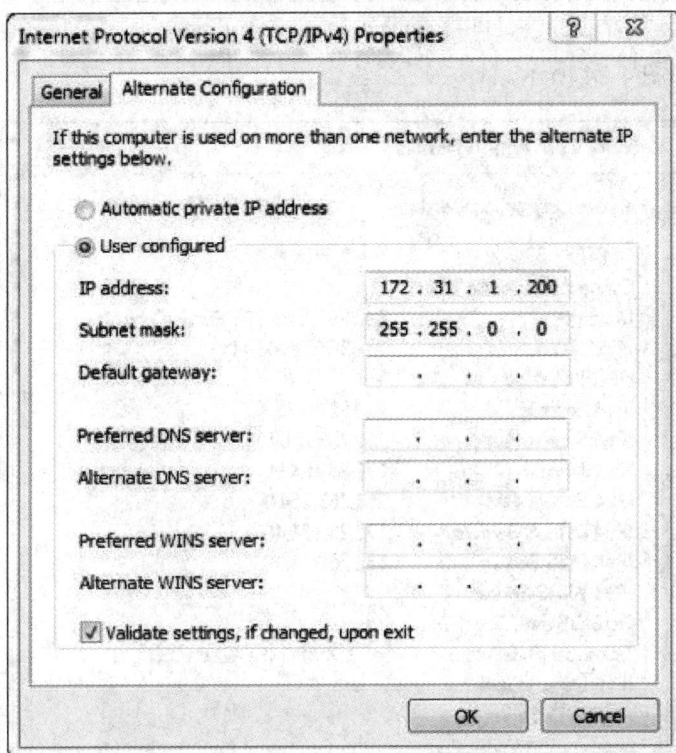

图 4-22　备选配置的属性窗口

查看机器人网络连接情况的操作步骤如下：

(1) 重复上述借助 DHCP 自动分配 IP 地址的操作步骤(1)～(3)，显示 LAN 连接状态，如图 4-23 所示。

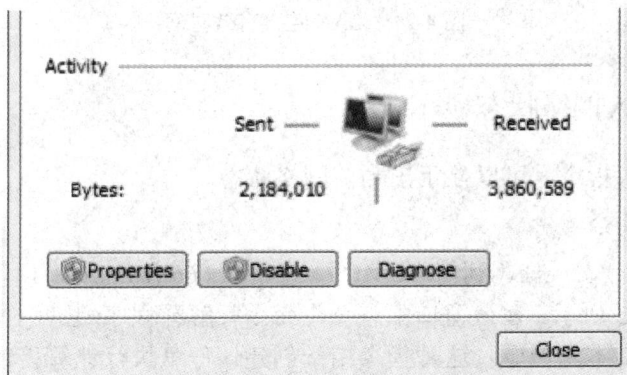

Activity

Sent ——— Received

Bytes: 2,184,010 | 3,860,589

Properties　Disable　Diagnose

Close

图 4-23　LAN 连接状态

(2) 单击详情选项(Details)，显示建立的网络连接详细信息，包括物理地址、IPv4 地址和有效时间等，如图 4-24 所示。

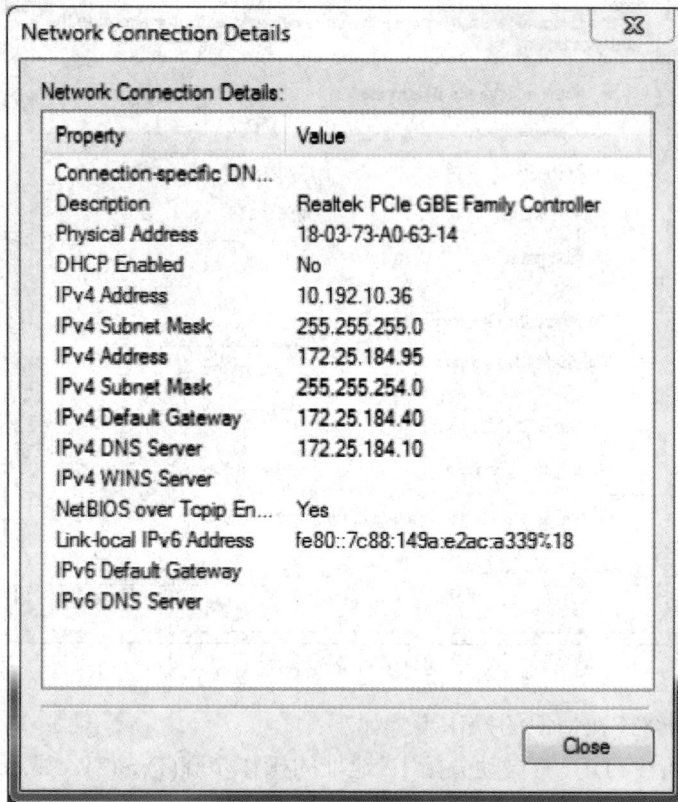

图 4-24　LAN 连接有效时间

4.2.6　工业机器人网络状态显示

通过专用机器人指令，可以显示出当前网络状态。

1. 植入 DOS 命令

打开 DOS ShellCMD.exe，利用 "CMD.exe" 指令(在 Windows 环境下执行)打开命令行输入窗口，如图 4-25 所示。在该窗口中有一个命令行解释程序(也叫 Terminal 或 Shell)的输入栏，在此可输入文本式指令。这种指令用于创建一份可执行计算机或操作者相关行动的可执行文件(*.bat)。单击鼠标右键可重复激活。

图 4-25 命令行输入窗口

植入 DOS 命令的操作步骤如下：

(1) 单击 Windows 系统的"开始"按钮。

(2) 单击"运行"按钮。

(3) 输入 cmd 后按 Enter 键确认。

(4) 输入 DOS 指令。

(5) 利用指令"exit"或单击右上侧的×符号关闭植入的 DOS 命令。

2．显示网络配置

指令 IPconfig 可显示 TCP/IP 网络的所有最新配置值。

在没有参数的情况下，IPconfig 指令可显示每个适配器的 IP 地址、子网掩码和默认网关，如图 4-26 所示。网络显示参数的意义如表 4-4 所示。

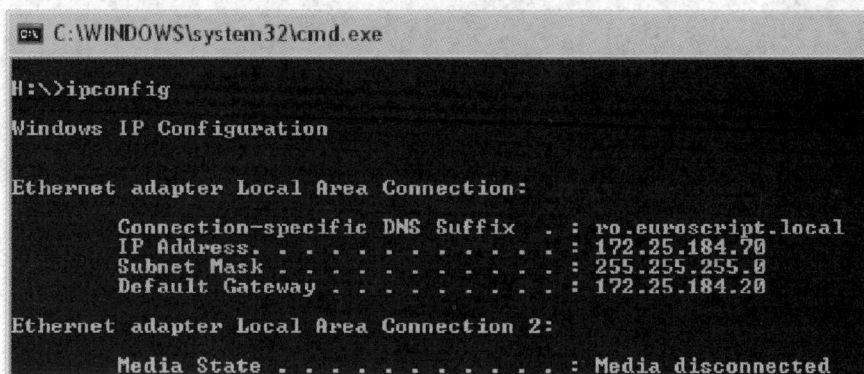

图 4-26 适配器配置窗口

利用上述 DOS 指令，只能询问 Windows 环境下显示及管理的网卡。该项可通过一台外置计算机或在 KR C2 上执行。因此，在 KUKA KR C4 控制系统中的 DOS 指令不能直接达成既定目的，而只在特定条件下方能使用。

显示的 IP 地址 192.168.0.1 是 VX-Work 主系统与 Windows 操作系统连接后，Windows 操作系统默认标准网关 192.168.0.2 的唯一 IP 地址，如图 4-27 所示。

表 4-4　网络显示参数的意义

参　数	说　　明
IPCONFIG/RENEW	更新所有适配器的 IP 地址
IPCONFIG/DISPLAYDNS	显示 DNS 服务器的信息
IPCONFIG/?	帮助
IPCONFIG	显示适配器的标准信息
IPCONFIG/ALL	显示适配器的所有信息
IPCONFIG/RELEASE	IP 地址对所有适配器开放

注意：IPCONFIG/RELEASE 和 IPCONFIG/RENEW 必须结合起来才能使用。

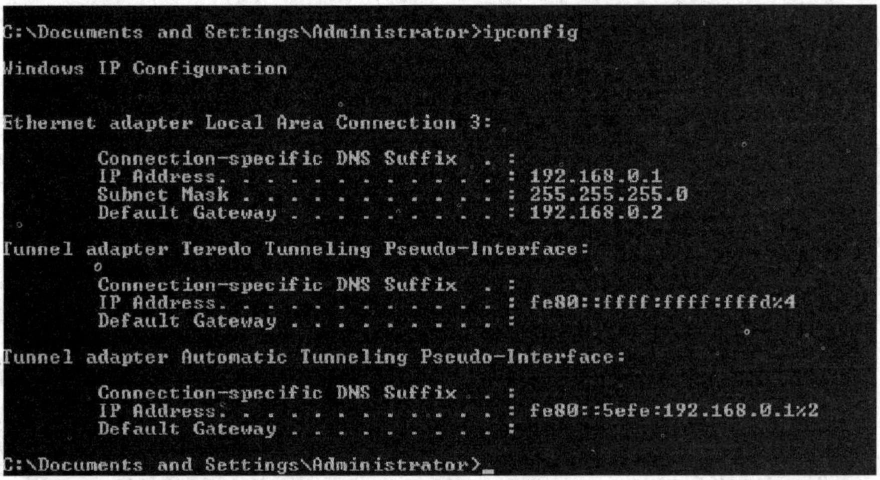

图 4-27　KUKA KRC4 IPconfig

需调出 IP 地址和子网掩码时，只可直接通过 KUKA HMI 的菜单项诊断→诊断监视器 I KLI(virtual5/virtual6)查询或利用一个 Telnet Shell 进行查询。

查询机器人在网络中的 IP 地址和子网掩码的操作步骤(前提条件是 DOS Shell 已打开)如下：

(1) 在光标位置输入"IPconfig"指令，然后按 Enter 键确认。

(2) 查找各种以太网适配器，然后评估其显示信息。

(3) 利用指令"exit"或单击右上侧的×符号关闭 Shell 命令行。

3. Ping 指令

通过发送响应请求，Ping 指令可检查机器人与连接的计算机是否有可靠连通，相应的响应时间也会显示出来。

Ping 指令是处理连通性、可达性和名称解析等方面问题的一个有用的 TCP/IP 指令，如图 4-28 所示。Ping 指令说明如表 4-5 所示。

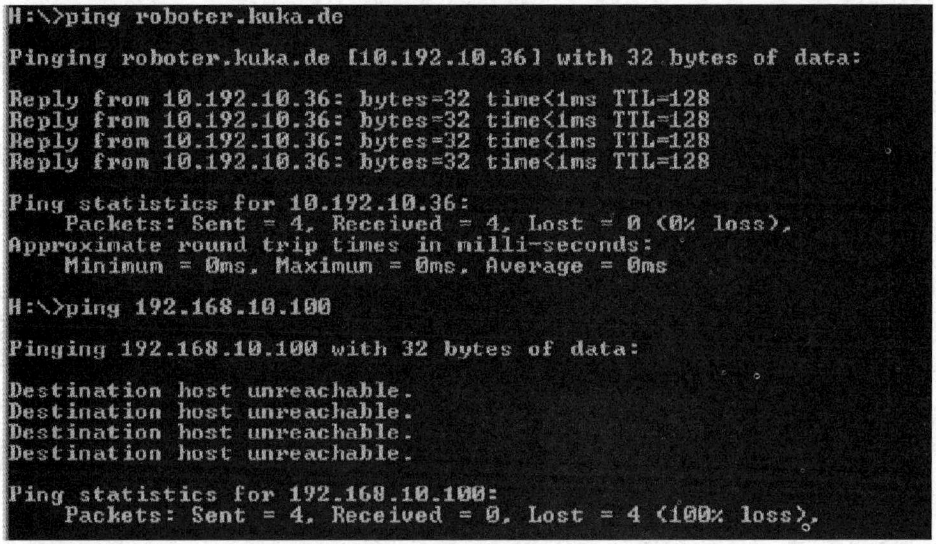

```
H:\>ping roboter.kuka.de

Pinging roboter.kuka.de [10.192.10.36] with 32 bytes of data:

Reply from 10.192.10.36: bytes=32 time<1ms TTL=128
Reply from 10.192.10.36: bytes=32 time<1ms TTL=128
Reply from 10.192.10.36: bytes=32 time<1ms TTL=128
Reply from 10.192.10.36: bytes=32 time<1ms TTL=128

Ping statistics for 10.192.10.36:
    Packets: Sent = 4, Received = 4, Lost = 0 (0% loss),
Approximate round trip times in milli-seconds:
    Minimum = 0ms, Maximum = 0ms, Average = 0ms

H:\>ping 192.168.10.100

Pinging 192.168.10.100 with 32 bytes of data:

Destination host unreachable.
Destination host unreachable.
Destination host unreachable.
Destination host unreachable.

Ping statistics for 192.168.10.100:
    Packets: Sent = 4, Received = 0, Lost = 4 (100% loss),
```

图 4-28　KUKA KRC4 cmd

表 4-5　Ping 指令说明

参　数	说　明
PING	帮助
PING-T	PING 在出现一个中断之前被传送到的目标位置
PING-N	给出需要予以传送的回应要求数量，其中默认值为 4 个

测试网络物理连接是否正常的操作步骤(前提条件是 DOS Shell 已打开)如下：

(1) 在光标位置处输入"Ping"指令，其后空格，然后输入 IP 地址或 UNC 名称，再按 Enter 键确认。

(2) 评估显示出来的信息，如"已发送、已接收、丢失数据包"。检查 IP 地址里的名称解析。

(3) 利用指令"exit"或点按右上侧的×符号关闭 Shell 命令行。

4. KR C4 中使用协议和 IP 地址

在 KR C4 控制器里，同样须对 IP 地址进行分配。

当客户希望与 KR C4 控制器通信时，可通过 KLI 来进行。借助该网卡，客户可与多个不同的 IP 协议进行通信。如果与 PLC 交换数据，可使用工业以太网或以太网 IP。利用同一局域网卡同样也可建立与存档服务器的连接，或者通过一台服务用笔记本电脑建立一个连接。因此，KUKA 内部已将这些硬件接口分配给多个不同的 IP 网络。

1) 基于以太网的现场总线

根据现场总线协议，控制器/主设备/扫描仪可以管理 256 个以上的用户。为了对所有的设备/从设备/适配器作出应答，必须扩展 255.255.0.0 上的子网掩码。

控制器/主设备/扫描仪/DHCP 服务器给所连接的用户分配 IP 地址。为此，可以为现场总线建立一个单独的 IP 范围。

2) IP 连接

为确保数据备份或 Work Visual 的正常运作，KUKA KR C4 控制器应设于一个办公网络内。数据存档服务器上的文件存取将通过 KR C4 实现，无需新的网络。通常，IP 地址由一台服务器自动分配，视客户端具体数量而定，需找出相应的 IP 地址和子网掩码。

4.3　项　目　实　施

4.3.1　KCB 网络连接图绘制

1. 观察现场

KCB 是基于 EtherCAT 总线的驱动总线。EtherCAT 是 EtherCAT Technology Group 公司研发的一种以以太网为基础的开放式总线系统，除了应用于传统的现场总线耦合连接以外，还可以用于对时间要求很高的情况和场合。其工作方式是以电报的形式，将数据传送到所有的 EtherCAT 总线从设备，其传送速度是可调节的，其理论传输速度可达到 200 Mb/s。

KCB 连接的设备主要有 KUKA 控制系统计算机(KPC)、控制柜控制板(CCU)、电源驱动模块(KPP)、伺服驱动模块(KSP)、旋转变压器数字转化器(RDC)和电子控制装置(EMD)等。这些设备通过 KCB 实现通信，其总线结构如图 4-29 所示。总线结构以 CCU 为主数据交换中心，其 X32 端口通过数据线连接 KPP 的驱动输入端口 X21，KPP 的驱动输出端口 X20 通过数据线连接到第一台 KSP 的驱动输入端口 X21，第一台 KSP 通过数据线连接到第二台 KSP 的驱动输入端口 X21。其 X31 端口通过数据线连接到 KUKA 控制柜计算机的 KCB 总线接口。其 X33 端口通过数据线连接在 RDC 的 KCB 输入端子上，RDC 上面的 KCB 输出端子通过数据线连接在 CCU 的 X34 端子上。EMD 通过 RDC 上面的 KCB 输入/输出端口实现扩展设备与 KCB 总线系统通信，从而实现了整个 KCB 总线的布局。

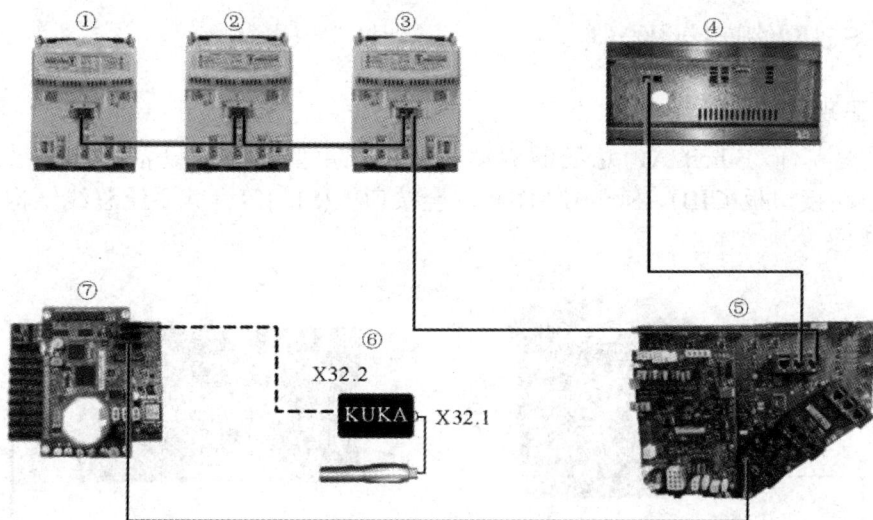

图 4-29　KCB 总线结构

2. 网络连接图绘制

在熟悉上述各硬件及其接口的基础上，绘制出其网络连接图，如图 4-30 所示。

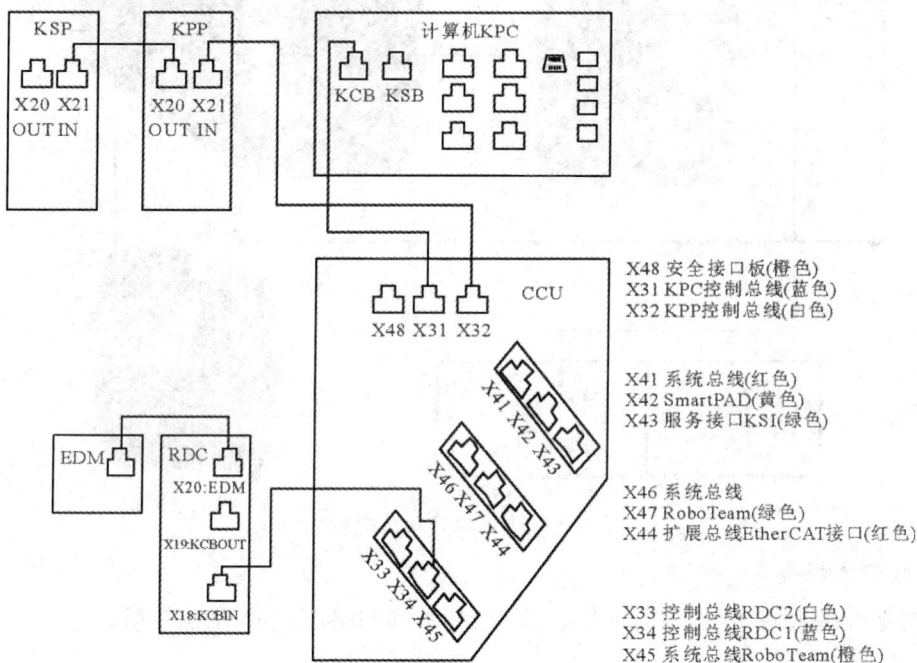

图 4-30　KCB 总线示意图

4.3.2　KSB 网络连接图绘制

1. 熟悉现场

KSB 是基于 EtherCAT 总线的驱动总线，其主要连接的设备有控制系统计算机 (KPC)、电路接口板(CIB)、SmartPAD 和安全接口板(SIB)等，其系统总线结构如图 4-31 所示。

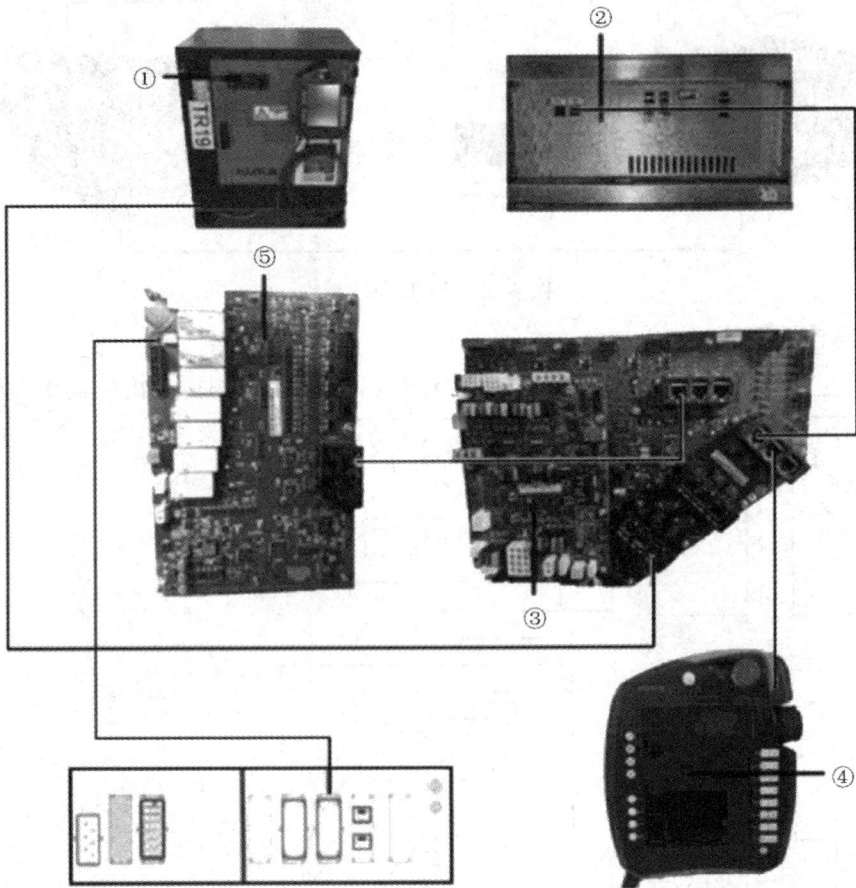

图 4-31　KSB 总线结构

2. 绘制网络图

在熟悉相关硬件及其接口的基础上，绘制出其网络图，如图 4-32 所示。

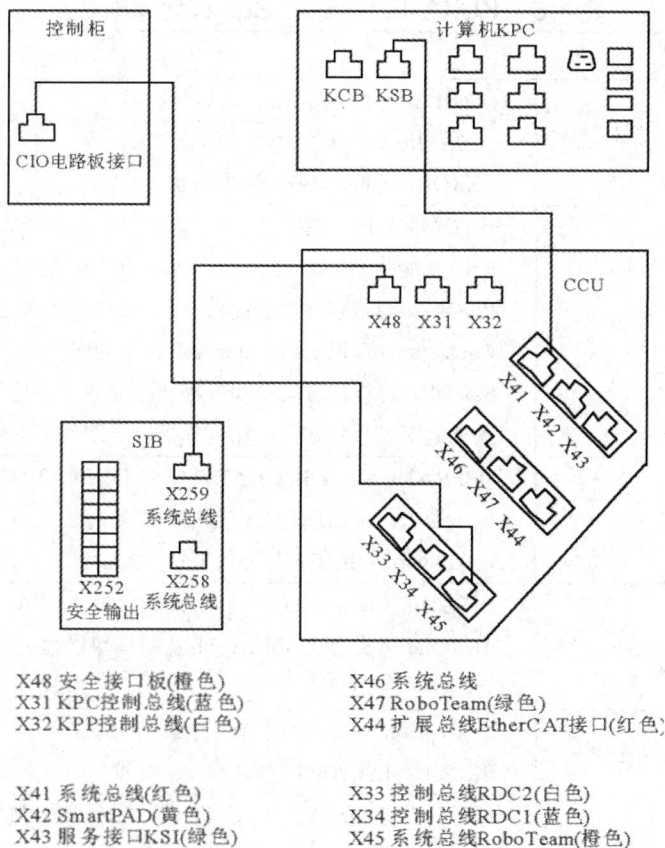

X48 安全接口板(橙色)　　　　　X46 系统总线
X31 KPC控制总线(蓝色)　　　　X47 RoboTeam(绿色)
X32 KPP控制总线(白色)　　　　X44 扩展总线EtherCAT接口(红色)

X41 系统总线(红色)　　　　　　X33 控制总线RDC2(白色)
X42 SmartPAD(黄色)　　　　　X34 控制总线RDC1(蓝色)
X43 服务接口KSI(绿色)　　　　X45 系统总线RoboTeam(橙色)

图 4-32　　KSB 网络示意图

4.3.3　故障信息诊断

1. 显示诊断数据

该诊断数据也可在 WorkVisual 中显示出来，可以显示 KUKA 扩展总线(SYS-X44)模块的诊断数据。关于 WorkVisual 流程的更多信息可在 WorkVisual 的资料中找到。

显示诊断数据的操作步骤如下：

(1) 在主菜单中选择诊断→诊断监视器。

(2) 在栏位模块中选择所需要的模块。

2. KUKA Extension Bus(SYS-X44)模块诊断信息

KUKA Extension Bus 模块诊断信息如表 4-6 所示。

表 4-6　　KUKA Extension Bus 模块诊断信息

项　目	含　义
主站正常	所有 EtherCAT 主站堆栈的运行状态 正常：EtherCAT 主站和从站正常 ERROR：EtherCAT 运行中出错
当前主站状态	当前的主站运行模式 Init：初始化 EtherCAT 从站。EtherCAT 从站在接通之后处于该状态下 PreOP：可以进行邮箱通信，无法进行过程数据通信 BootStrap：可以更新 EtherCAT 从站的固件 SafeOP：可以进行邮箱和过程数据通信，但是，EtherCAT 从站的输出端仍处于安全状态下。输入数据已周期性地更新
当前主站状态	OPERATIONAL：EtherCAT 从站将 EtherCAT 主站的输出数据复制到其输出端上。可以进行过程数据和邮箱通信 Unknown：EtherCAT 主站的状态未知
从站处于要求状态	正常：所有 EtherCAT 从站模块已达到 EtherCAT 主站要求的运行状态 ERROR：不是所有 EtherCAT 从站模块已达到 EtherCAT 主站要求的运行状态
主站处于要求状态	正常：EtherCAT 主站已达到要求的运行状态 ERROR：EtherCAT 主站不处于要求的运行状态下
主站识别网络连接	正常：在 EtherCAT 主站和第 1 个 EtherCAT 从站的网卡之间有一个网络连接 ERROR：EtherCAT 主站和第 1 个 EtherCAT 从站的网卡之间的网络连接断开
找到的从站数量	EtherCAT 主站已识别到的 EtherCAT 从站的数量
配置的 EtherCAT 从站数量	已配置 EtherCAT 从站的数量
Tx 帧的数量	已通过网络发送的 EtherCAT 报文数量
Rx 帧数量	已通过网络接收的 EtherCAT 报文数量
计数器：回复不及时	未及时接收的 EtherCAT 报文数量
计数器：回复多次不及时	相继多次不能直接及时接收的 EtherCAT 报文数量
计数器:不是所有从站处于 OP 状态下	不是所有 EtherCAT 从站都处于状态 LOPERATIONAL 下的总线循环计数器

续表

项 目	含 义
计数器：堆栈错误	总线错误数量
计数器：出错后重启堆栈	总线在出错后成功重启的次数
Send-To-Send 时间(μs)(当前)	当前两次发送调用 EtherCAT 报文之间的时间，如 4000 μs
当前的接收至接收时间(μs)	当前两次接收调用 EtherCAT 报文之间的时间，如 4000 μs
Send-To-Send 时间(μs)(最大)	两次发送调用 EtherCAT 报文之间的最大时间，如 6000 μs
Recv-To-Recv 时间(μs)(最大)	两次接收调用 EtherCAT 报文之间的最大时间，如 8000 μs
链接层：接口名称	堆栈实例网络接口的名称，如 virtual4

4.3.4　设备诊断

在诊断时，KLI 的 IP 地址已输入，该设备已连接并激活。设备诊断的操作步骤如下：

(1) 在窗口项目中双击机器人图标，展开机器人控制系统树形结构。

(2) 在树形图结构中右击条目 KUKA Extension Bus(SYS-X44)并在弹出的菜单中选择"连接"。

(3) 用总线耦合器、网关和设备重复第(2)步。

(4) 右击网关或设备并在弹出的菜单中单击"诊断"按钮。

(5) 打开 CANopen over EtherCAT 窗口。

在窗口 CANopen over EtherCAT 中显示服务数据对象(SDO)。这些数据构成用于向一个设备传输参数的通信通道(如变成设定编码器分辨率)。参数是设备特定的，详细信息参见设备的制造商文件。设备属性如表 4-7 所示。

表 4-7　设备属性

属 性	说 明
索引号	用于明确识别所有参数。索引号分为主索引和子索引(如 1018:05)。主索引在冒号之前，子索引在冒号之后。
名称	易懂的自说明文本
值	可以是文本、数字或其他参数索引

如果窗口 CANopen over EtherCAT 打开，则只显示主索引。通过单击更新加载并显示子索引，如图 4-33 所示。

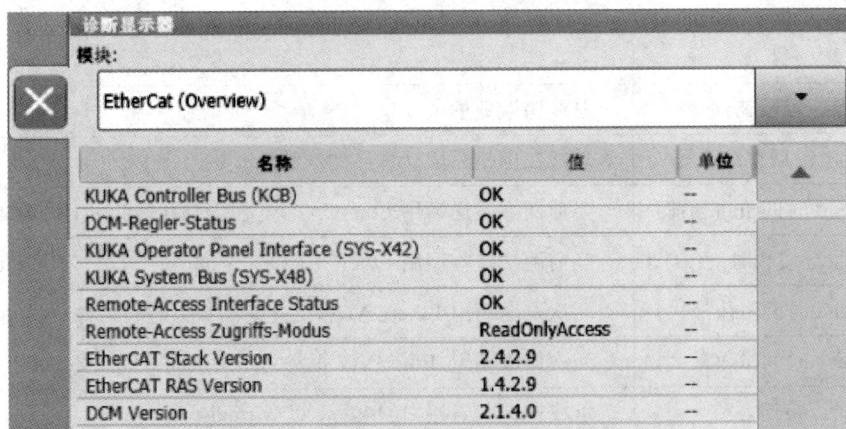

图 4-33　CANopen over EtherCAT 窗口

在配置的过程中，常见的错误代码提示信息如表 4-8 所示。

表 4-8　错误信息

编号	信息提示	原因/补救措施
13008	有 EtherCAT 总线错误	原因：无法确定总线故障的位置 补救措施：重新启动机器人控制系统
13011	<{总线识别号}>读取配置文件[{XML 文件名}]时出错	原因：所述的初始化总线实例所需的配置文件不存在 补救措施： (1) 如果配置文件是目录 USER 中的一个文件，则重新传输 WorkVisual 项目 (2) 如果配置文件是系统文件，则重新安装 KUKA 系统软件
13012	<{总线识别号}>EtherCAT Stack 初始化时出错	提示：可能的原因见表 4-9
13013	生成 EtherCAT 栈实例时出错	原因：内部故障 补救措施：联系 KUKA Roboter GmbH
13015	EtherCAT Bus-Scan 故障设备：{出错的设备}	原因：所述设备在配置上与实际连接的设备不同 补救措施：在配置中检查配置的设备是否与实际连接的设备一致。如果设备不同，可纠正配置 原因：所述设备连接在错误的端口上 补救措施：将设备连接在正确的端口上

编号	信息提示	原因/补救措施
13016	缺少网络帧[{详细信息}]的接收	原因：总线循环时间过短 补救措施：增加总线循环时间 原因：配置的设备与实际连接的设备不同 补救措施：在配置中检查配置的设备数量和类型是否与实际连接的设备一致。如果设备不同，可纠正配置 原因：设备连接在错误的端口上 补救措施：将设备连接在正确的端口上
13018	EtherCAT Stack 初始化时出错 设备：{出错的设备}	原因：所述设备在配置上与实际连接的设备不同 补救措施：在配置中检查配置的设备是否与实际连接的设备一致。如果设备不同，可纠正配置 原因：总线配置不正确 补救措施： (1) 检查并纠正总线配置 (2) 重新传输 WorkVisual 项目
13020	EtherCAT 总线错误 设备：{详细信息}	原因：所述设备在配置上与实际连接的设备不同 补救措施：在配置中检查配置的设备是否与实际连接的设备一致。如果设备不同，可纠正配置 原因：所述设备连接在错误的端口上 补救措施：将设备连接在正确的端口上
13021	EtherCAT 网络故障 设备：{详细信息}	原因：网线未连接或损坏 补救措施：连接或更换网线 原因：网络配置不正确 补救措施：检查并纠正网络配置 原因：网卡损坏 补救措施：更换网卡 原因：控制柜接口板损坏 补救措施：更换控制柜接口板

编号	信息提示	原因/补救措施
13068	EtherCAT 用户{设备名称}未连接在总线上	原因：所述设备未连接 补救措施：连接该设备 原因：总线配置不正确 补救措施： (1) 检查并纠正总线配置 (2) 重新传输 WorkVisual 项目
13080	EtherCAT 设备：{设备名称}无法启动	原因：所述设备在配置上与实际连接的设备不同 补救措施：在配置中检查配置的设备是否与实际连接的设备一致。如果设备不同，可纠正配置。如果设备不同，则更换设备 原因：所述设备损坏 补救措施：更换所述设备

在配置的过程中，常见的错误的故障原因如表 4-9 所示。

表 4-9　诊断原因

故障信息	原　因	补救措施
CreateSubInstance()	内部故障 emInitMaster()系统参数设定错误。重新安装了 KUKA 系统软件	联系 KUKA Roboter GmbH
internal error	内部故障	联系 KUKA Roboter GmbH
ExtClockInit()	EtherCAT 的工作任务中出错	联系 KUKA Roboter GmbH
CreateEcatInitConfig()	初始化时出错	联系 KUKA Roboter GmbH
emInitMaster()	系统参数设定错误	重新安装 KUKA 系统软件
isNetworkLinkConnected()	网线未连接	连接网线
	第 1 个 EtherCAT 从站损坏	更换第 1 个 EtherCAT 从站
	控制柜接口板损坏	更换控制柜接口板
startEcatWrapperClockTask()	时钟任务无法启动	联系 KUKA Roboter GmbH
ENI-File Error	缺少 EtherCAT 设备的配置文件	重新传输 WorkVisual 项目

续表

故障信息	原 因	补救措施
emConfigureMaster()	EtherCAT 主站的配置错误	(1) 检查并纠正总线配置 (2) 重新传输 WorkVisual 项目
registerPDMemProvider() getProcessDataInBuffer() getProcessDataOutBuffer() registerEcatDataProvider() registerEcatNotify()	过程数据登记中的内部错误	联系 KUKA Roboter GmbH
setDCConfig()	分布式时钟的配置错误	检查并纠正分布式时钟的配置
NetworkResponse()	配置的设备与实际连接的设备不同	在配置中检查配置的设备数量和类型是否与实际连接的设备一致。如果设备不同，可纠正配置
	设备连接在错误的端口上	将设备连接在正确的端口上
setMasterMode(INIT)	设备无法初始化	重新配置输入/输出端驱动程序或者： (1) 检查并纠正总线配置 (2) 重新传输 WorkVisual 项目
setMbxTferOpt()	邮箱访问配置中的内部错误	联系 KUKA Roboter GmbH
GetSlaveInfo()	配置的设备与实际连接的设备不同	在配置中检查配置的设备数量和类型是否与实际连接的设备一致。如果设备不同，可纠正配置
	设备连接在错误的端口上	将设备连接在正确的端口上
SetMasterMode(OPERATIONAL)	总线配置不正确	(1) 检查并纠正总线配置 (2) 重新传输 WorkVisual 项目

4.3.5 多台机器人总线网络拓扑图

以 3 台机器人组成一个生产单元为例(如项目三中图 3-33 所示)，画出 KEB 网络拓扑图，如图 4-34 所示。

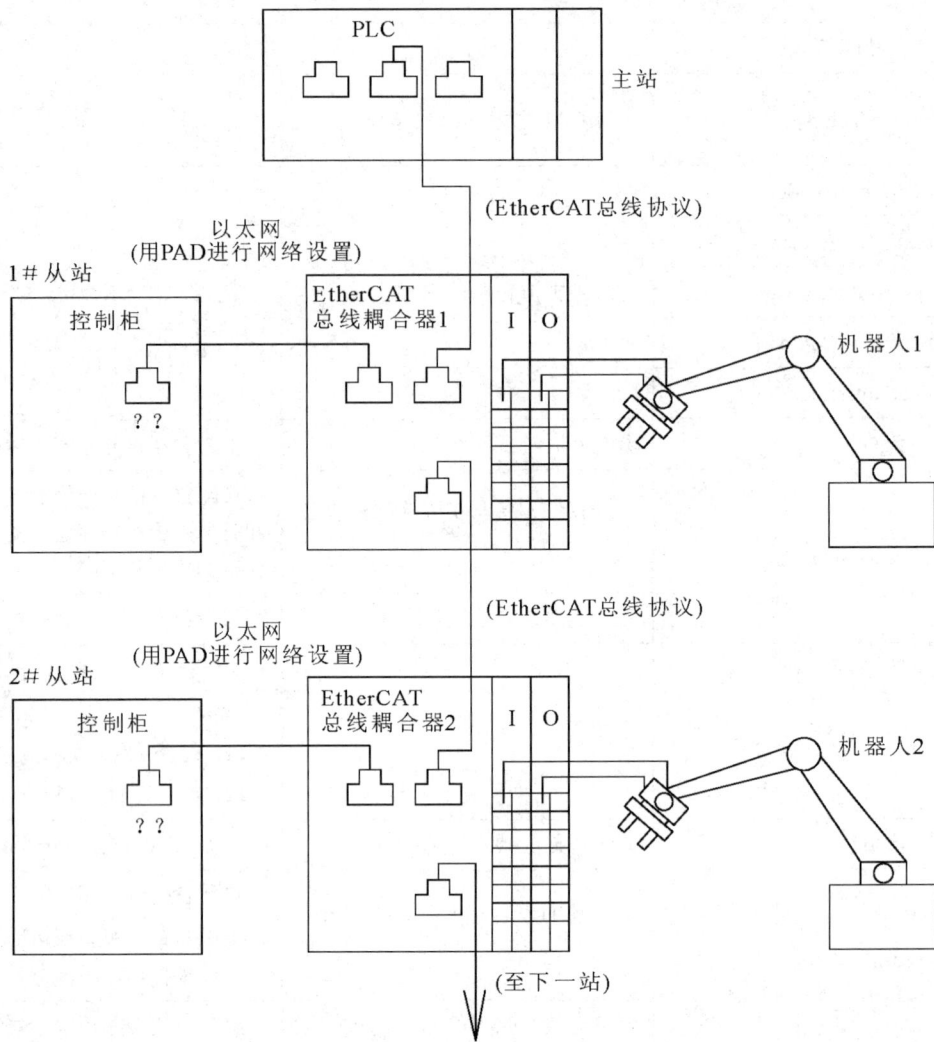

图 4-34　多台机器人组成生产单元的网络拓扑图

4.4　拓展与习题

1. 拓展项目

以项目三中图 3-34 所示的结构为例，画出 KLI 设备连接拓扑图。

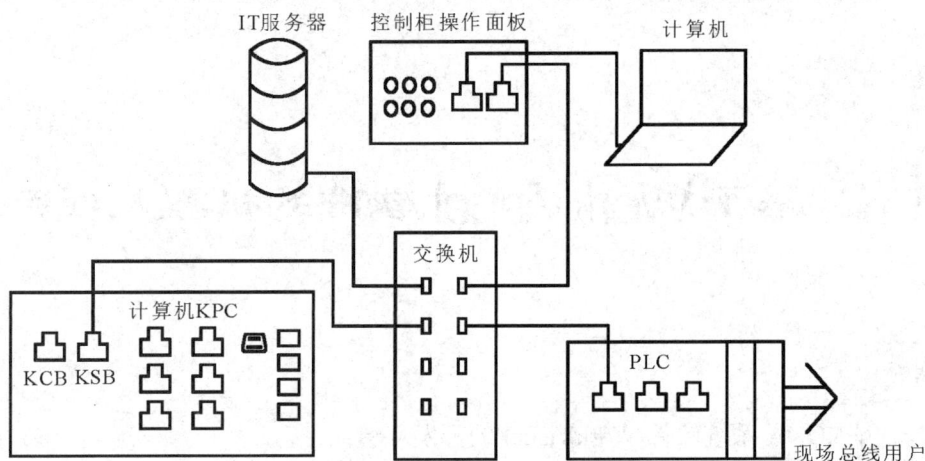

图 4-35 KLI 设备连接拓扑图

2. 习题

(1) 什么是有源网络和无源网络？

(2) 无源网络有哪些组件？

(3) 以太网的接线有几根线？其颜色与作用各是什么？

(4) 有源网络有哪些组件？

(5) 内置交换机的作用是什么？

(6) 对 KUKA 机器人手动分配 IP 地址有哪几个步骤？

(7) 对 KUKA 机器人自动分配 IP 地址有哪几个步骤？

(8) 什么是 IP 协议？

(9) 路由器的作用是什么？

(10) 局域网与广域网有什么区别？

(11) ARP 的意义是什么？

(12) KUKA 机器人的内置交换机在什么位置，其包括几个 VLAN？

(13) KUKA 机器人的网卡在什么位置，其作用是什么？

(14) KUKA 机器人网络状态显示的操作步骤有哪些？

项目五　基于WorkVisual软件的机器人项目管理

(1) 了解 KUKA 系统软件 WorkVisual 的开发环境；

(2) 熟练使用 WorkVisual 的基本功能；

(3) 掌握利用 WorkVisual 软件进行项目管理；

(4) 掌握计算机与机器人控制系统的连接；

(5) 掌握项目互传的基本操作。

5.1　项 目 任 务

5.1.1　项目描述

在机器人的硬件安装与调试完成后，机器人还不能工作，需要给机器人控制系统构建一个工程环境。该工程环境包括以下几方面内容：① 机器人本体部分的各种信息，如机器人的型号、负载范围、机械零点位置等内容；② 机器人控制柜中硬件部分的各种信息，如电源模块类型、伺服模块类型、控制主板型号、电源主板型号等信息；③ 硬件之间的软硬件对应关系，如总线的配置等内容；④ 机器人安全信息与功能的配置，如三种停机方式设定、软限位设置等内容；⑤ 机器人主从站信息、应用以及地址分配等内容；⑥ 各种系统参数和程序、应用程序和变量、各种在线编辑功能以及系统状态的文件等内容；⑦ 要安装在机器人当中的各种应用包等信息与应用；⑧ 在线监控机器人状态等信息内容。利用 KUKA 机器人专用软件 WorkVisual 来进行工程环境的创建、上传、激活和监控等操作，为机器人的正常工作提供一个工程环境，从而使机器人可以正常工作。

5.1.2　工作任务

为项目三安装的机器人控制柜创建工程环境项目,并实现与外部 PLC 的现场总线配置。利用 WorkVisual 创建 KUKA 机器人工程环境,保存、上传工程项目。项目激活后,机器人可以正常使用。

5.2　相关知识点学习

5.2.1　WorkVisual 软件功能概述

WorkVisual 软件主要是用于 KUKA KRC4 系列控制柜控制机器人工作单元的工程环境,其主要有以下功能:

(1) 构架并连接现场总线,配置机器人信息;

(2) 编辑机器人安全配置,在线定义机器人工作单元;

(3) 离线配置机器人工作组;

(4) 管理备选软件包、长文本等内容;

(5) 配置测量记录、启动测量记录、分析测量记录和在线诊断功能;

(6) 在线编辑机器人控制系统的文件系统;

(7) 离线编程,调试程序;

(8) 上传和下载项目。

5.2.2　WorkVisual 软件的安装

1. 计算机的配置要求

1) 硬件要求

计算机硬件的最低要求是具有奔腾 4 处理器,主频至少 1500 MHz,2 GB 内存,硬盘空间至少留有 200 MB,显卡要求使用 DirectX,分辨率为 1024×768。KUKA 公司推荐的计算机硬件配置是具有奔腾 4 处理器,主频至少 2500 MHz,4 GB 内存,硬盘空间至少留有 1 GB,显卡要求使用 DirectX,分辨率为 1280×1024。

2) 软件要求

要求计算机安装 Windows 7 以上的操作系统,系统要求安装 NET Framework 2.0 以上版本、SQL Server Compact 3.5 以上版本、Visual C++和 WinPcap 软件。

2. 安装 WorkVisual 软件

安装 WorkVisual 软件的操作步骤如下：

(1) 获得计算机管理员权限。

(2) 启动安装程序 Setup.exe。

(3) 选择安装类型，安装类型分为 Typical(典型)、Custom(自定义)和 Complete(全部)三种，建议根据自己的实际情况选择，推荐使用自定义。可以选择语言，用不到的语言可以不必选择。具体安装如图 5-1 和图 5-2 所示。

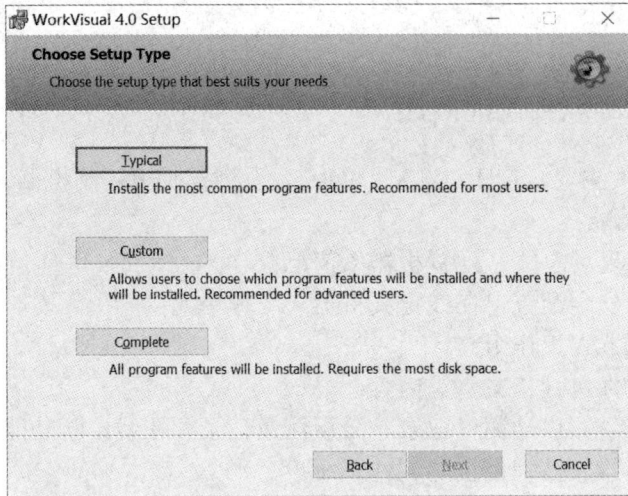

图 5-1　软件安装类型选择

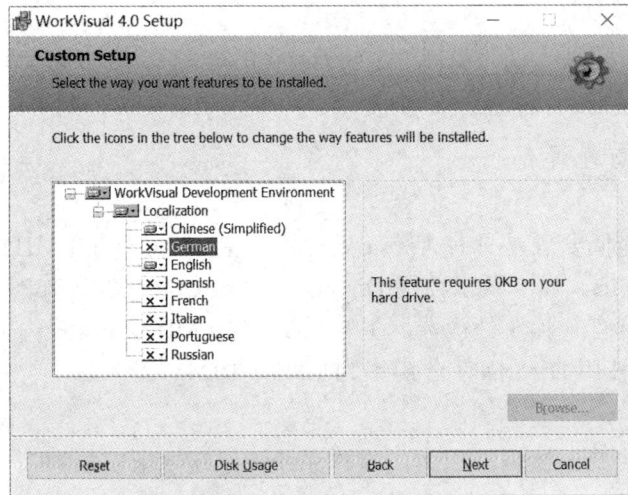

图 5-2　自定义语言选择

（4）单击"Next"，直到安装完成。

5.2.3　WorkVisual 的操作界面

在默认状态下，并不是所有单元都显示在操作界面上，用户可以根据实际需要显示或隐藏，操作界面如图 5-3 所示。

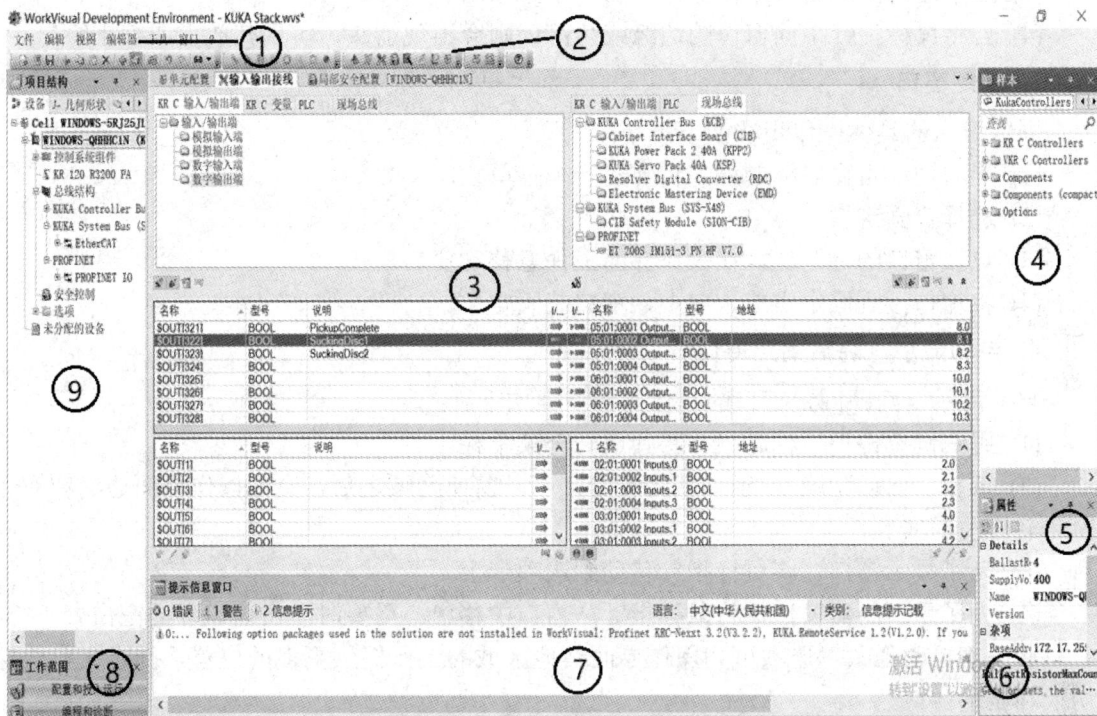

①—菜单栏；②—工具栏；③—编辑器区域；④—窗口编辑目录；⑤—属性窗口；
⑥—窗口属性；⑦—提示信息窗口；⑧—窗口工作范围；⑨—窗口项目结构

图 5-3　操作界面概览

5.2.4　WorkVisual 的基本操作

1. 显示/隐藏窗口

显示/隐藏窗口的具体操作步骤如下：

（1）选择菜单项窗口，打开所有可用窗口的列表。

（2）在该列表中单击一个窗口，在操作界面上将其显示或隐藏。

2. 以自由浮动方式安置窗口

以自由浮动方式安置窗口的具体操作步骤如下：

（1）用右键单击窗口标题栏，将弹出一个菜单栏。

（2）选择"不固定"。

（3）点按窗口的标题栏，在操作界面上任意移动窗口。

（4）若将鼠标指针指向窗口的边缘或角落，则会出现箭头，可用其放大或缩小窗口。

3. 固定窗口

固定窗口的具体操作步骤如下：

（1）用右键单击窗口标题栏，将弹出一个菜单栏。

（2）选择"固定"。

（3）点按窗口的标题栏，在操作界面上任意移动窗口。

（4）将窗口拉到固定点或十字上，窗口就固定了。

4. 自动显示、隐藏固定窗口

自动显示、隐藏固定窗口的具体操作步骤如下：

（1）用右键单击窗口标题栏，将弹出一个菜单栏。

（2）选择"自动隐藏"，窗口就隐藏起来了。窗口隐藏之后，会在操作界面边缘留有含窗口名称的选项卡。

（3）为了显示窗口，将鼠标指针移动到选项卡上。

（4）为了重新隐藏窗口，将鼠标指针从窗口中移出。需要时单击窗口外的空白处。

通过"自动隐藏"选项可为操作界面其他区域的工作提供更多的位置，同时又可快速切换和显示窗口。

5. 显示操作界面的各种视图

WorkVisual 的操作界面根据用户的需要，提供了投入运行和编程诊断两种显示视图，具体选择方法是在菜单栏中双击"投入运行"或"编程诊断"即可切换。

6. 复位操作界面

用户可以将所有的界面调整恢复到再次复位，恢复到初始默认设置，具体操作步骤如下：

（1）选择菜单栏中的"窗口"，单击"复位配置"。

（2）关闭 WorkVisual 软件并重启。

5.2.5　WorkVisual 的项目创建

1. 打开项目

打开一个现有的项目的操作步骤如下：

(1) 打开菜单，选择打开项目。

(2) 打开项目资源管理器，如图 5-4 所示。选择项目所在目录，选择文件并打开(也可以选择最后一次打开项目卡片，选择要打开的文件)。

(3) 将机器人控制系统设为激活。

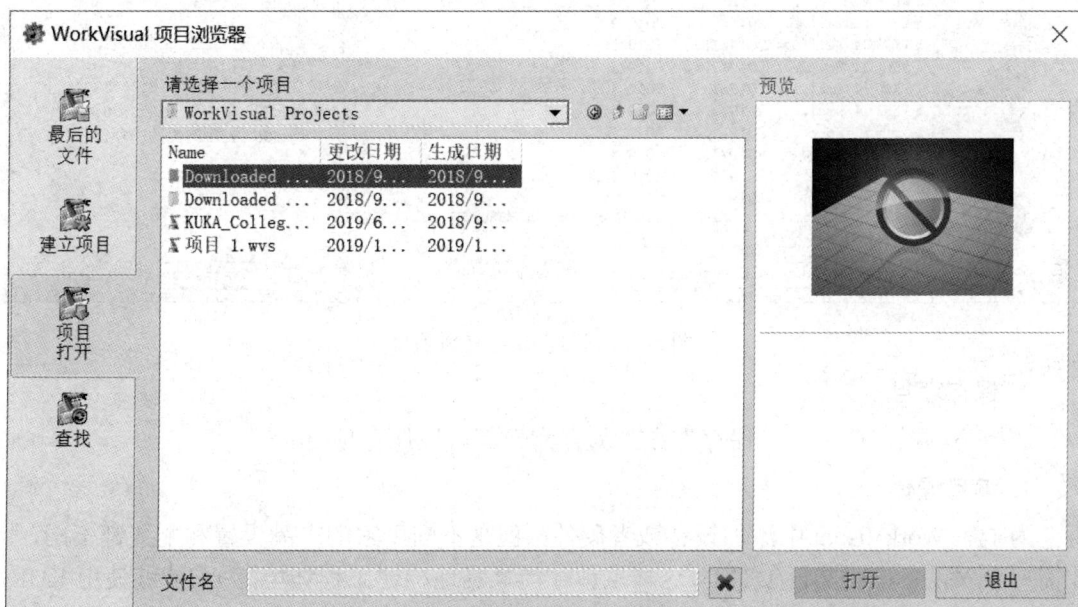

图 5-4　项目资源管理器

2. 创建新项目

建立新项目有以下两种方法：

第一种方法是建立空项目，具体操作步骤如下：

(1) 在菜单栏的"文件"选项下单击"新建"，打开项目资源管理器。

(2) 在左侧选项卡中单击"建立项目"，选定空白项目。

(3) 在文件名栏给项目命名。

(4) 选择项目存储位置。

(5) 单击"新建"，一个新的空项目就建好了。

第二种方法是利用模板建立新项目。建议初学者利用模板建立新项目，项目建立步骤与建立空项目相似，唯一不同是在建立空项目的第(2)步选择利用模板建立项目，如图 5-5 所示。

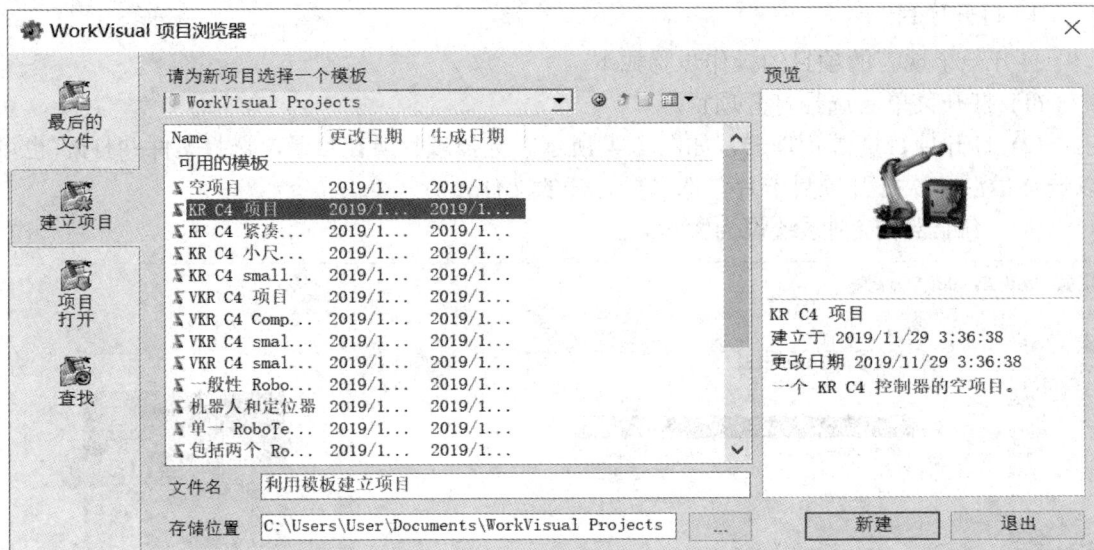

图 5-5　利用模板建立新项目

3. 保存项目

选择菜单栏文件中的"保存"和"另存为"都可以保存项目。

4. 编目操作

为了在 WorkVisual 中添加设备或者硬件，但是不同厂家的产品设置和配置都不同，因此需要导入设备说明文件(DTM)，这样软件才能顺利地构建工程环境。为了能够使用 KUKA 公司自己的产品，如 KUKA 双轴转台或者电机等设备，也需要添加 KUKA 公司设备的说明文件。KUKA 控制柜内部设备之间的通信涉及多种通信协议，这也需要添加到软件当中。以上添加的项目统称为编目。

1) 更新编目

一般情况下，更新编目用于首次运行 WorkVisual 软件，主要功能是扫描软件自带和已经存储在计算机当中的设备说明文件，具体操作步骤如下：

(1) 单击菜单栏中的"工具"，选择"DTM 样本管理"。

(2) 单击 DTM 编目管理器左下角的"查找 DTM"选项，查找 DTM 的过程如图 5-6 所示。

(3) 查找结束后，所有 DTM 文件将在编目管理器左边显示。

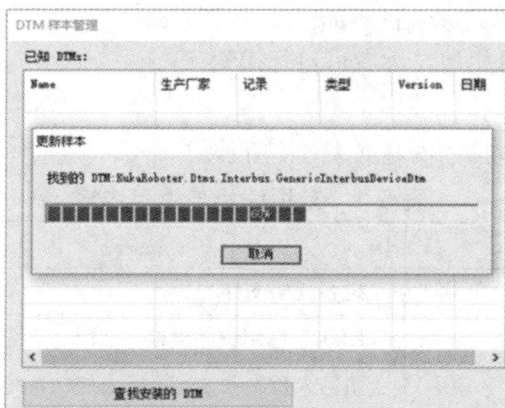

图 5-6　查找安装的 DTM

2) 添加编目

编目中包括所有生成程序所需的元素，新建的项目当中并没有这些编目，需要将编目添加到项目当中，具体操作步骤如下：

(1) 打开 DTM 编目管理器。

(2) 在编目管理器左边选择建立项目所需的编目。

(3) 单击样本管理器中部的>>或>选项，将一个或多个编目添加到新建项目当中，如图 5-7 所示。

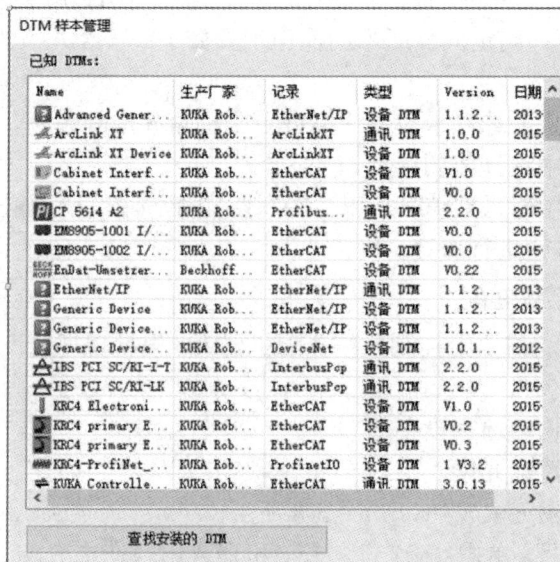

图 5-7　添加编目

(4) 单击"OK"按钮完成编目添加。

删除编目与添加编目相似，读者可自行摸索。

3) 编目说明

常用编目和编目中包括的内容如表 5-1 所示。

表 5-1 常用编目与编目内容

编 目	编 目 内 容
DtmCatalog	设备说明文件
KRL Templates	KUKA 应用程序模板
KukaControllers	机器人控制系统、机器人控制系统的硬件、安全选项
KukaExternalAxes	KUKA 线性滑轨、外部运动系统模板
KukaRobots	KUKA 机器人
KukaSpecialRobots	KUKA 特殊功能机器人
KukaExternalKinematics	KUKA 定位器
VM Templates	VM 程序模板

5. 确定固件版本

在首次将机器人控制系统设置为激活时，必须调整或确认数值固件版本和输入/输出端数量。如果版本和固件版本不一致，则在生成代码和上传项目时会发生错误，导致机器人控制系统不能识别项目。确定固件版本的操作步骤如下：

(1) 保存项目。

(2) 在窗口项目结构的选项卡设备中右键单击机器人控制系统。

(3) 在弹出的菜单中选择控制选项。

(4) 在固件版本栏中输入新值(如"8.3.20")，然后选择输入/输出端数量。

(5) 单击"OK"按钮进行保存。

6. 机器人与控制系统匹配

控制系统选好之后，需要给控制系统分配机器人，根据现场情况选择机器人本体型号，具体操作步骤如下：

(1) 在窗口项目结构中选择设备选项卡。

(2) 单击右键选择添加元素。

(3) 弹出添加控制器元素窗口，如图 5-8 所示。

(4) 选择机器人型号，单击"确定"按钮，机器人出现在未分配设备上，如图 5-9 所示。

(5) 将机器人拖放到设备中的机器人控制系统上，机器人与控制系统匹配完成。

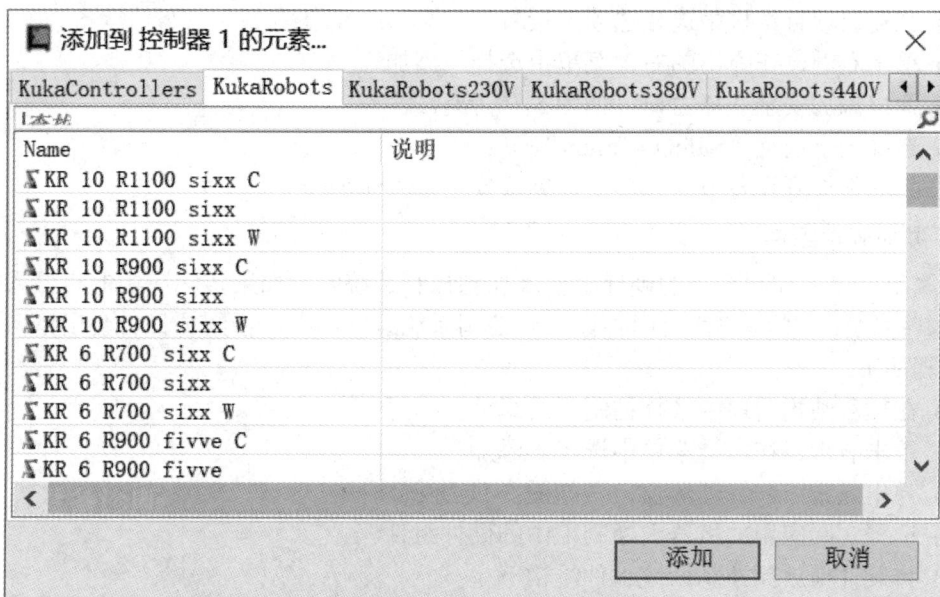

图 5-8　添加控制器元素

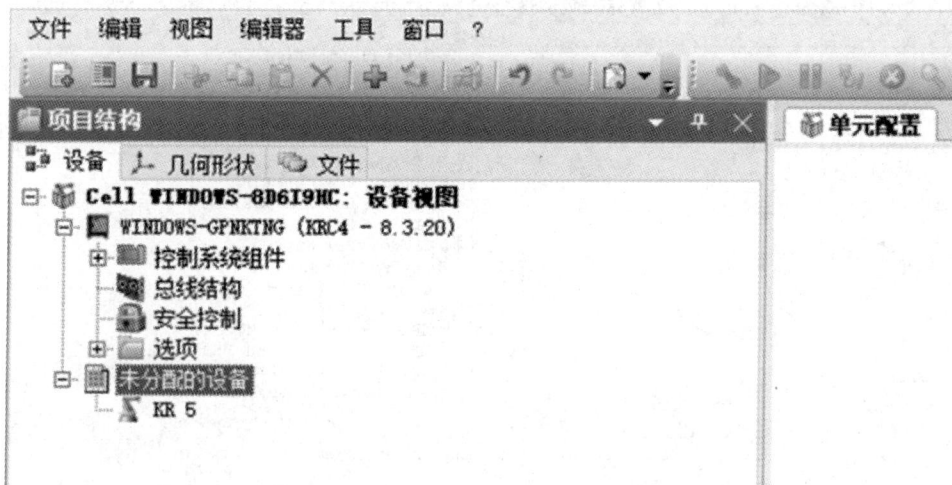

图 5-9　未分配设备

7. 添加安全选项

如果实际应用的机器人控制系统上使用了安全选项，如 SafeOperation 或 PROCONOS，也必须将该选项添加到 WorkVisual 项目中。其具体操作步骤如下：

(1) 在窗口项目结构中选择选项卡设备。

(2) 单击右键，在弹出的右键菜单中选择"添加"。

(3) 弹出添加安全选项窗口，如图 5-10 所示。

(4) 选择安全选项"SafeOperation"。

(5) 将其拖放到设备节点选项上，完成安全选项添加。

8. 添加硬件组件

将属于机器人控制系统的硬件组件添加到控制系统中。如果实际应用的机器人控制系统中有其他组件，必须将所有组件添加到控制系统组件当中，否则项目将会出错。其具体操作步骤如下：

(1) 在项目结构窗口中选择控制系统组件。

(2) 单击右键，在右键菜单中选择"添加"。

(3) 弹出元素添加管理器窗口，如图 5-11 所示。

(4) 选择实际应用的机器人控制柜中的硬件组件。

(5) 将硬件拖放到控制系统组件结构下。

图 5-10　添加安全选项　　　　图 5-11　添加硬件组件

(6) 重复(4)、(5)步，直到控制柜中的硬件组件全部拖放到控制系统组件结构下，硬件添加完毕。

9. 安全配置

新添加的机器人控制系统是没有局部安全设置的。通过观察 WorkVisual 项目结构下的安全控制，可以发现"安全控制"4 个字为灰色。

　　添加安全选项 SafeOperation 之后，双击"安全控制"会弹出"局部安全配置"选项卡，如图 5-12 所示。

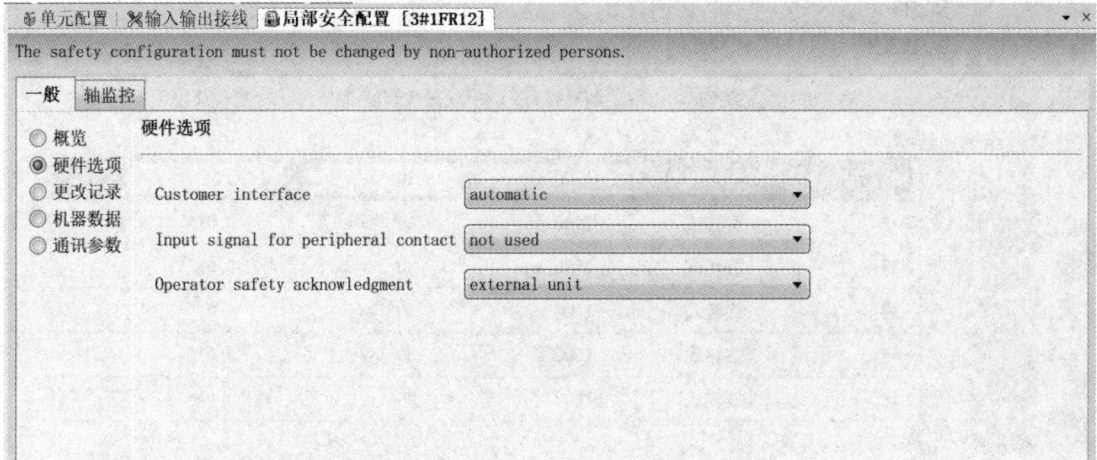

图 5-12　"局部安全配置"选项卡

1) 选项卡硬件选项设置

　　硬件选项是必须设定的一个项目，硬件选项的参数及功能说明如表 5-2 所示。

表 5-2　硬件选项参数说明

参　数	参　数　说　明
Customer interface(用户接口)	选项 1：自动(automatic) 选项 2：具有输出端的 SIB
Input signal for peripheral contact(外部信号输入)	选项 1：关闭(not used) 选项 2：外围安全信号通过 PLC 输入控制系统 选项 3：外围安全信号通过 KRC 运行许可接通
Operater safety acknowledgement(操作人员防护装置)	选项 1：通过外部组件 PLC 确认(external unit) 选项 2：通过确认键

2) 选项卡轴监控设置

　　轴监控设置界面和各参数的说明如图 5-13 和表 5-3 所示。

図 5-13　轴监控设置

表 5-3　轴监控参数说明

参　　数	参　数　说　明
制动时间	轴运动相关的制动斜坡时间，用于安全停止 1 和安全停止 2；默认值为 1500 ms
最大速度	T1 运行模式下的最大速度
定位公差	机器人安全停止时所容许的最大误差值

安全配置的具体操作步骤如下：

(1) 在窗口项目结构中选择控制系统组件。

(2) 单击右键，在弹出的右键菜单中选择添加。

(3) 弹出元素添加管理器窗口，如图 5-11 所示。

(4) 选择安全选项"SafeOperation"。

(5) 将其拖放到设备节点选项上，双击"安全控制"，弹出"局部安全配置"选项卡。

(6) 根据实际应用的安全插件，配置硬件选项。

10. 现场总线配置

项目三中详细讲解了控制柜中的硬件设备和之间连接的通信协议，这些硬件物理连接之后并不能直接使用，还需要利用 WorkVisual 进行总线配置，可以用 WorkVisual 配置的现场总线，现场总线及说明如表 5-4 所示。

表 5-4 现场总线及说明

现场总线名称	总 线 说 明
PROFINET	基于以太网的现场总线。数据交换以主从关系进行。PROFINET 需要安装到机器人控制系统当中
PROFIBUS	使不同制造商生产的设备之间无需特别的接口适配即可交流的通用现场总线数据，交换以主从关系进行
DeviceNet	基于 CAN 并主要用于自动化技术的现场总线。数据交换以主从关系进行
Ethernet/IP	基于以太网的现场总线。数据交换以主从关系进行。注意：以太网/IP 已安装到机器人控制系统之中
EtherCAT	基于以太网并适用于实时要求的现场总线
VARAN 从站	可用于在 VARAN 控制系统和 KR C4 控制系统之间建立通信的现场总线

建立现场总线之前要保证设备说明文件已经添加到 DTM 编目当中，并且已经确定了固件的版本号，同时添加了机器人控制系统并已激活。满足这些条件之后就可以建立配置现场总线了，具体操作步骤如下：

(1) 创建现场总线。

在窗口项目结构的选项卡设备中展开属性结构，右键单击现场总线，选择添加"KUKA Controller Bus(KCB)"总线，完成总线建立，如图 5-14 所示。

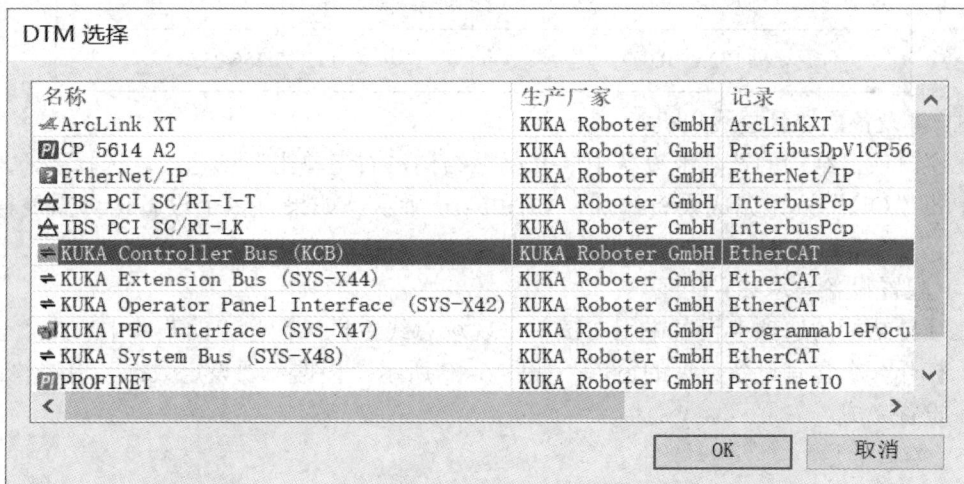

图 5-14 建立现场总线主机

(2) 配置现场总线主机。

在项目结构的选项卡设备中用右键单击现场总线主机，在弹出的菜单中单击"设置"按钮，打开一个含有设备数据的窗口，用于设定主机的 IP 地址，如图 5-15 所示。

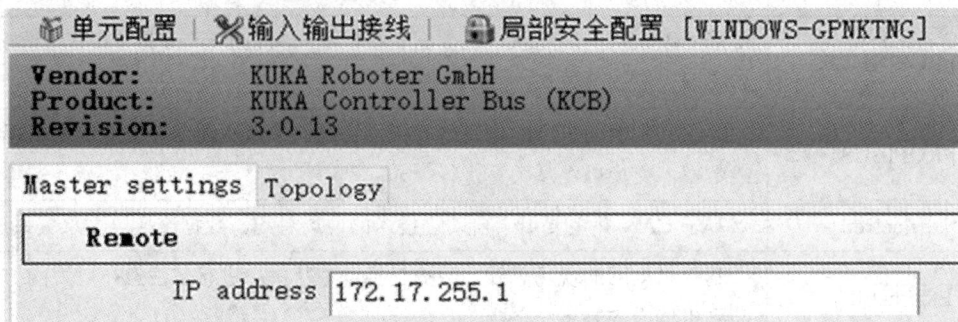

```
单元配置 | 输入输出接线 | 局部安全配置 [WINDOWS-GPNKTNG]

Vendor:     KUKA Roboter GmbH
Product:    KUKA Controller Bus (KCB)
Revision:   3.0.13

Master settings  Topology

  Remote

      IP address 172.17.255.1
```

图 5-15　主机 IP 地址设置

在设定主机 IP 地址时要注意的问题是有些 IP 地址的范围是不能够设定的，这些 IP 地址都是给机器人控制系统内部保留使用的，不允许用户进行分配设定。不能使用的 IP 范围如表 5-5 所示。

表 5-5　控制系统内部保留 IP 范围

起 始 地 址	终 止 地 址
192.168.0.0	192.168.0.255
172.16.0.0	172.16.255.255
172.17.0.0	172.17.255.255

(3) 将设备添加到总线主机。

在窗口项目结构的选项卡设备中展开属性结构，右键单击现场总线，选择要添加的设备，单击"OK"按钮完成设备添加，如图 5-16 所示。如果有多个设备，可重复操作本步骤。

(4) 配置设备与总线。

在项目结构的选项卡设备中用右键单击现场总线主机，在弹出的菜单中单击"设置"按钮，打开一个含有设备数据的窗口，如图 5-17 所示。根据需要设定数据，单击"保存"按钮，设置完成。

(5) 编辑信号。

打开信号编辑器，通过鼠标操作可以改变数据的类型、信号的位宽和信号名称等内容，数据类型符号如表 5-6 所示，信号编辑器如图 5-18 所示。

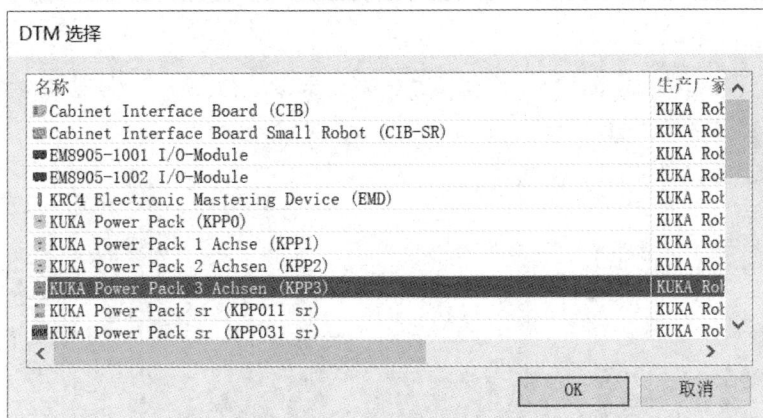

图 5-16　主机 IP 地址设置

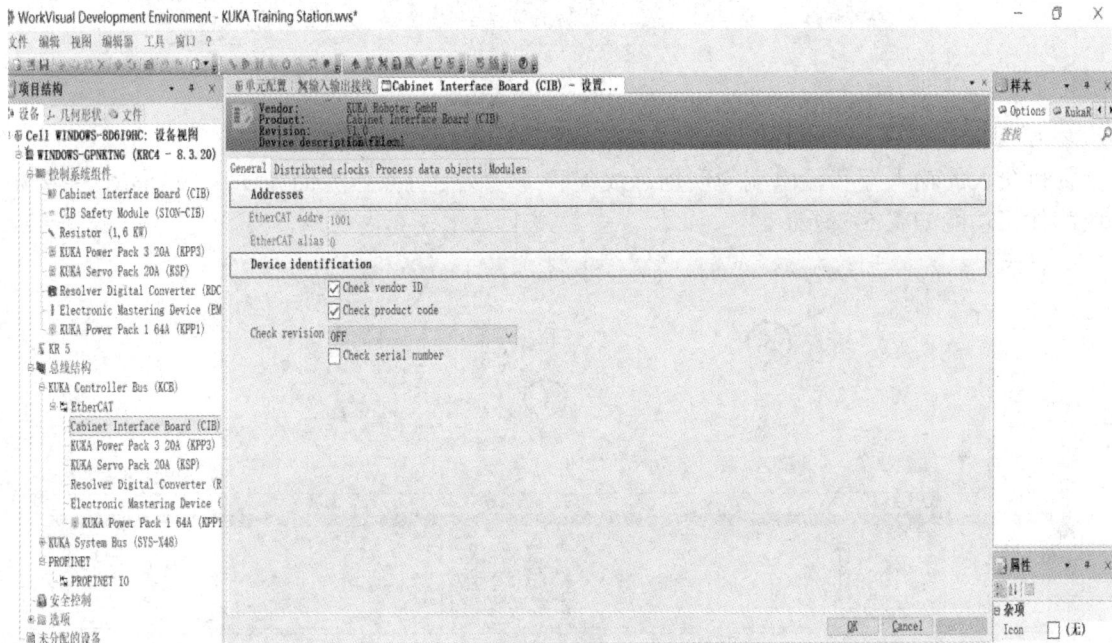

图 5-17　配置设置

表 5-6　编辑器中的数据类型

图　标	图　标　说　明
$\pm$	带正负号的 Integer 整型数据
$+$	不带正负号的 Integer 整型数据
I◐	数字式数据类型

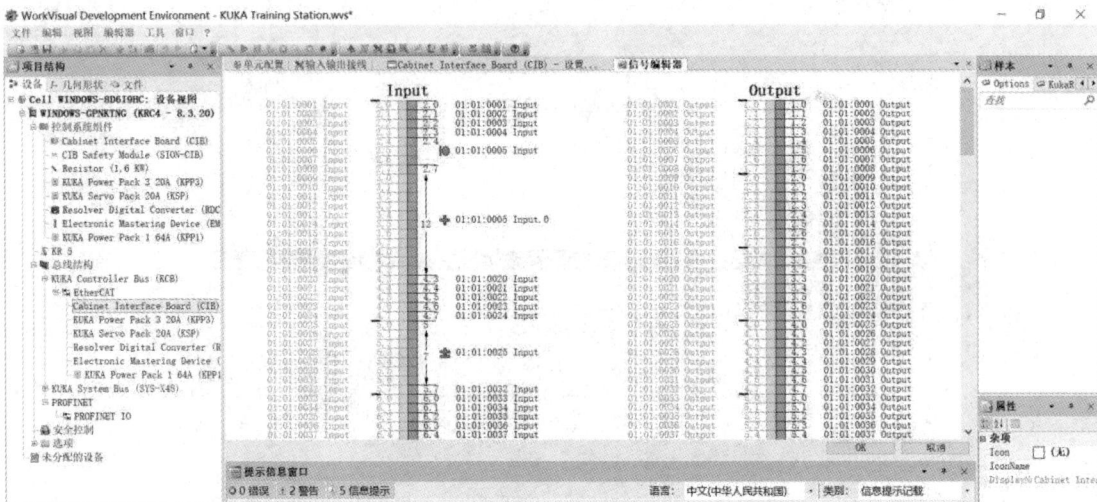

图 5-18　信号编辑器

(6) 机器人总线 I/O 配置。

机器人的输入端和输出端与现场总线关联。总线配置操作界面如图 5-19 所示，主要板块和按钮功能如表 5-7 所示。

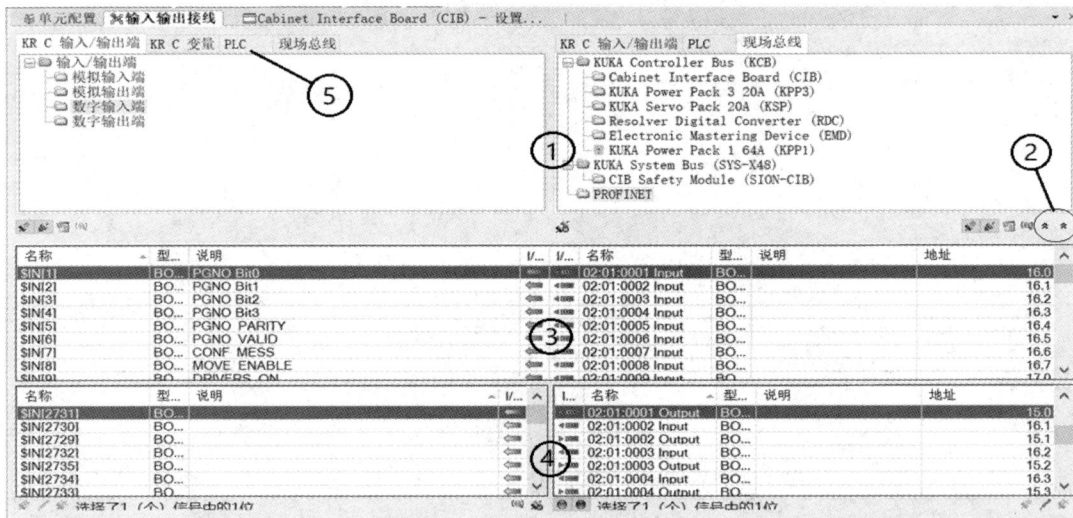

图 5-19　总线配置操作界面

表 5-7　板块与按钮功能

序　号	功　能　说　明
①	显示输入/输出端类型和现场总线设备。通过选项卡从左右选定两个要连接的区域
②	已连接的信号显示窗口
③	所有信号显示窗口
④	可将两个信号显示窗口合并或者展开
⑤	KRC 输入/输出端、PLC 和现场总线等选项卡

以输入端和输出端连接的配置为例，具体操作步骤如下：

(1) 单击信号连接编辑器，打开输入/输出接线窗口。

(2) 在窗口左半侧的选项卡 KRC 输入/输出端中选定需接线的机器人控制系统范围，如点选数字输出端，信号在输入输出接线窗口的下半部分显示。

(3) 在窗口右半侧的选项卡现场总线中选定设备，设备信号在输入/输出接线窗口的下半部分显示。

(4) 选择需要连接的信号，单击"连接"，总线配置完成。

11. WorkVisual 编程功能

可以利用 WorkVisual 软件完成机器人的编程功能。可以建立 SRC、DAT、SUB 和 KRL 等格式的程序，选择编程与诊断，显示程序编辑功能界面，如图 5-20 所示。具体的操作方式与示教器编程操作相似。

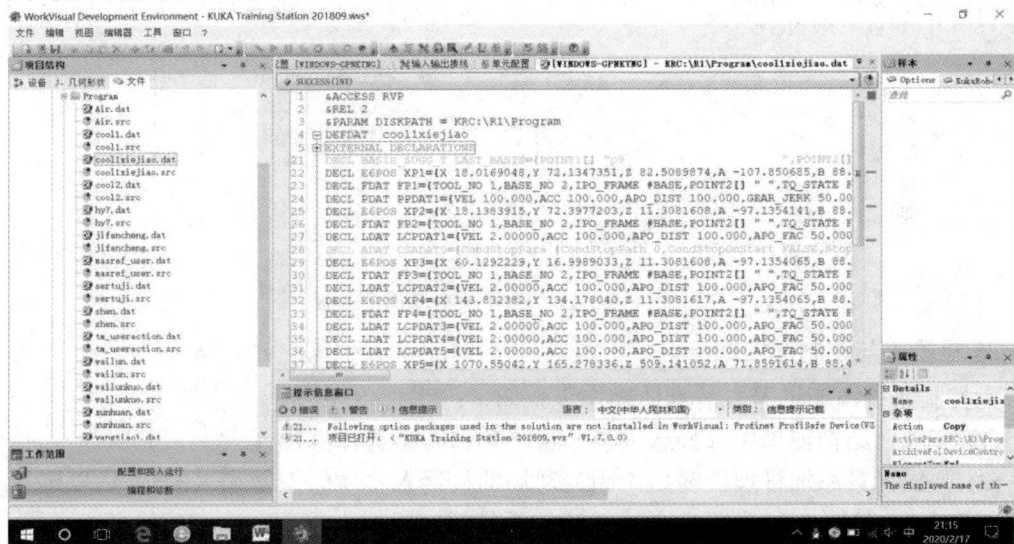

图 5-20　程序编辑功能界面

5.3　项目实施

5.3.1　创建工程项目

1. 利用模板创建新项目

单击"新建"按钮，选择利用模板建立新项目模板，根据现场的机器人确定固件版本和输入/输出端数量。双击项目窗口中的控制器 1，因为本书利用的是 KUKA KRC4 控制柜，所以在弹出的管理器固件版本中输入 8.3.20，在输入/输出端数量中选择 4096，如图 5-21 所示。然后单击"OK"按钮确定固件。在菜单栏中选择"文件"，单击"保存"按钮，选择工程存放路径，在项目名称处填写新建工程项目的名称，单击"OK"按钮完成新项目创建。

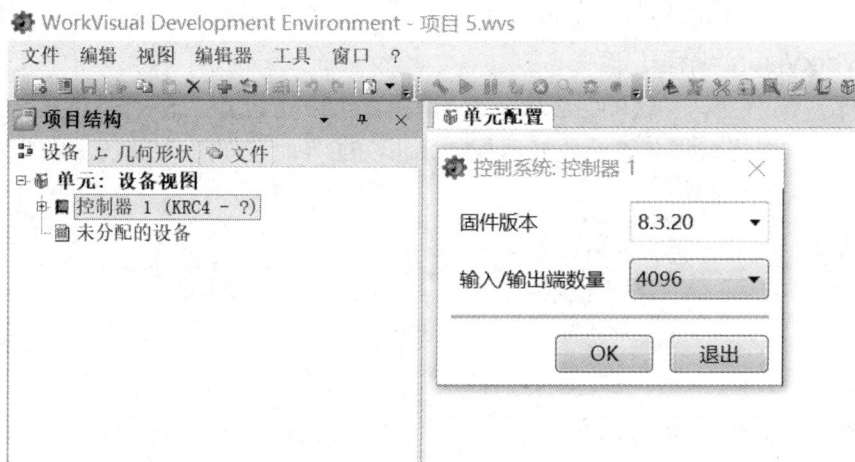

图 5-21　固件版本选择

2. 机器人与控制器匹配

为控制系统添加机器人，具体操作步骤如下：

(1) 在项目结构窗口中选择选项卡设备，单击右键选择添加元素。

(2) 弹出元素添加管理器窗口，因为现场的机器人本体的型号为 KR-5，所以选择机器人型号 KR-5，如图 5-22 所示。单击"确定"按钮，机器人出现在未分配设备上。

(3) 将机器人拖放到设备中的机器人控制系统上，机器人与控制系统匹配完成。

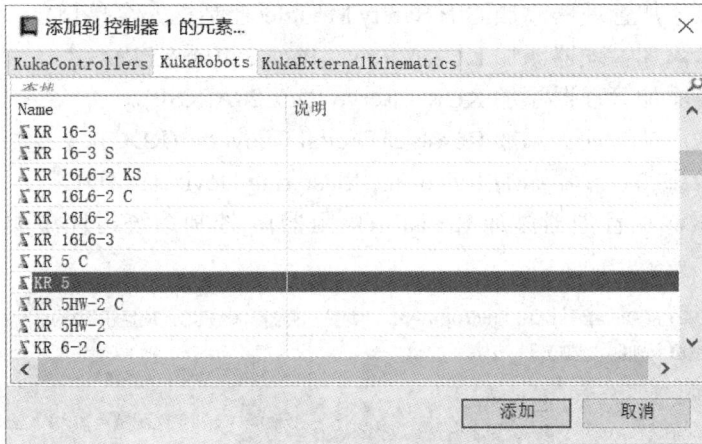

图 5-22 机器人本体型号选择

3. 添加控制系统组件

根据现场 KR C4 控制柜安装的组件添加系统组件，具体操作步骤如下：

(1) 选中控制系统组件，右键选择添加，利用元素添加管理器添加 Cabinet Interface Board(控制柜接口板)，如图 5-23 所示。

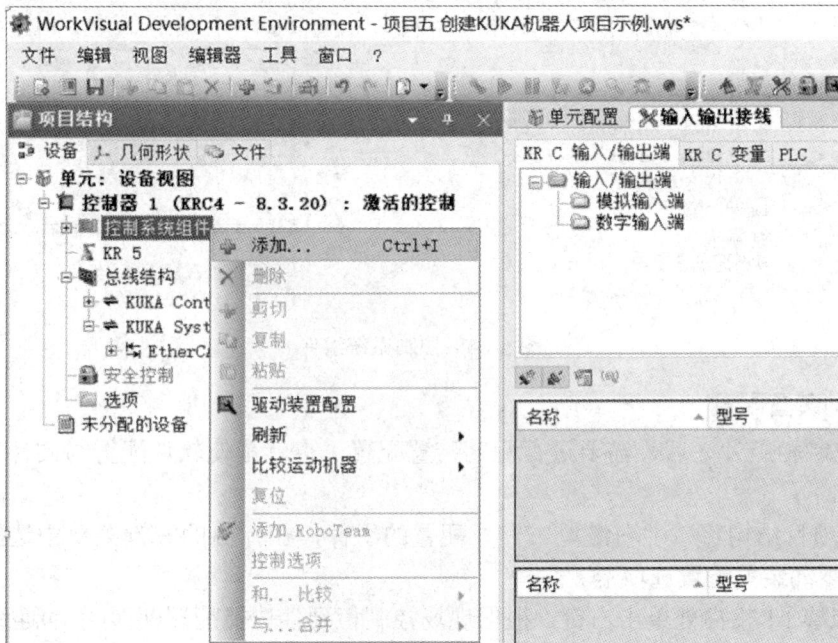

图 5-23 添加控制系统组件

(2) 利用元素添加管理器添加 CIB Safety Module(控制柜安全接口)。

(3) 利用元素添加管理器添加 KUKA Power Pack 3 20A(KPP)。

(4) 利用元素添加管理器添加 KUKA Servo Pack 20A(KSP)。

(5) 利用元素添加管理器添加 Resolver Digital Converter(RDC)。

(6) 利用元素添加管理器添加 Electronic Mastering Device(EMD)。

(7) 利用元素添加管理器添加 Resistor(电阻器)，控制系统组件添加完毕，如图 5-24 所示。

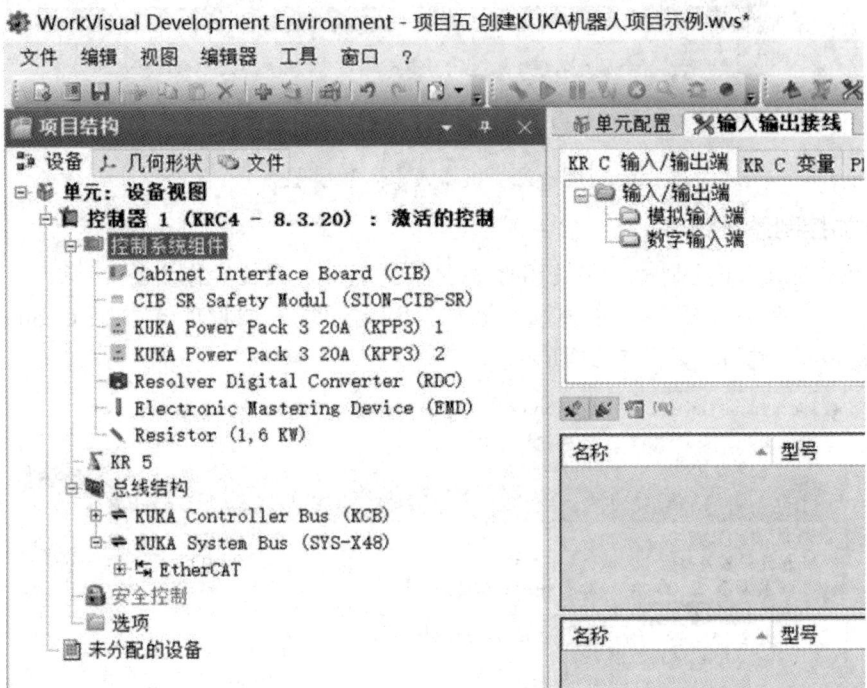

图 5-24　控制系统组件

4. 驱动装置配置

添加控制柜组件之后，需要进行驱动装置配置，也就是使软件配置与硬件统一，具体操作步骤如下：

(1) 在项目结构窗口中右键单击需要配置的组件，在弹出的右键菜单中选择"装置配置"，弹出驱动装置配置选项卡。

(2) 在选项卡空白处单击右键，根据现场控制柜硬件选择配置(也可手动连线配置)，在菜单中选择推荐配置，如图 5-25 所示。

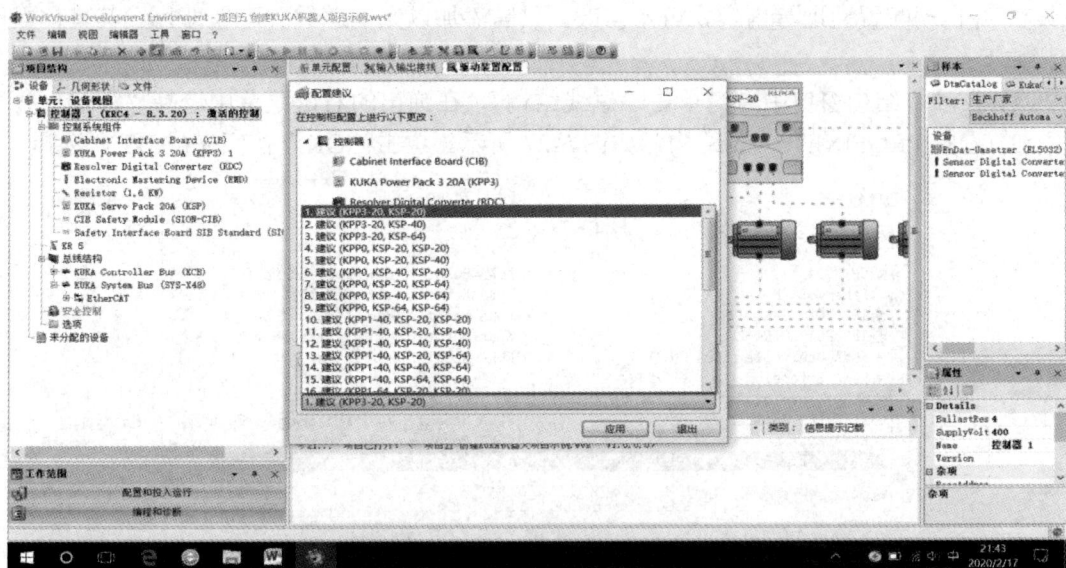

图 5-25 推荐驱动装置配置

(3) 单击"应用"按钮，完成驱动装置配置，完成后如图 5-26 所示。

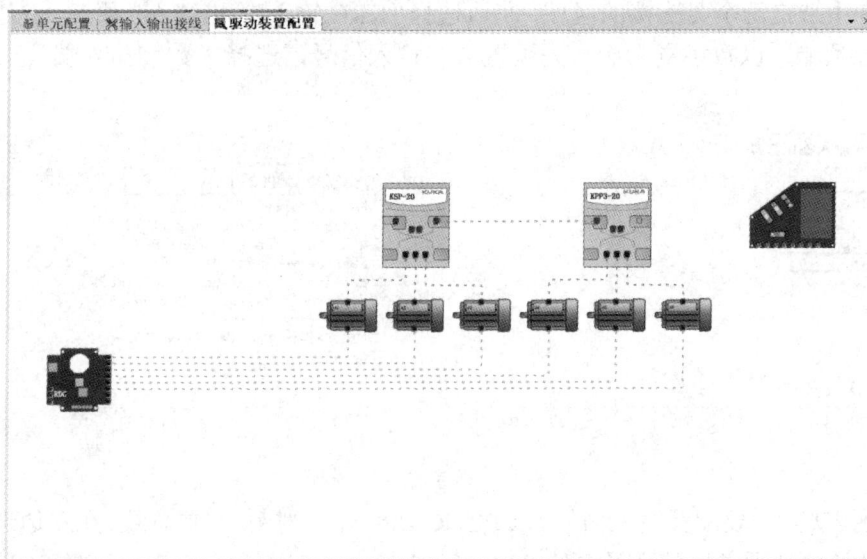

图 5-26 驱动装置配置

5. 总线配置

添加控制系统组件后，总线结构树中会自动出现控制柜的 KSB(系统总线)和 KCB(控制总线)，并自动配置地址等内容，可不修改。只需添加以太网总线并配置即可。其具体操作步骤如下：

(1) 在项目结构窗口中右键单击"总线结构"，在弹出的右键菜单中选择"添加"。

(2) 选择 PROFINET 总线结构，如图 5-27 所示。单击"OK"按钮完成 DTM 选择。

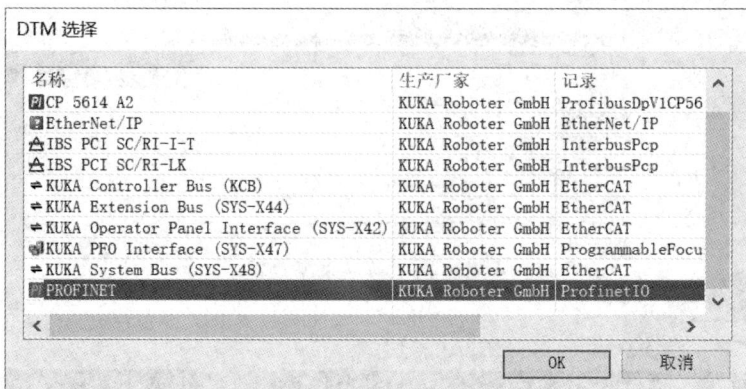

图 5-27　添加以太网总线

(3) 配置现场总线 I/O。在输入/输出端接线和现场总线设备选项卡中配置现场总线。从左右选项卡中选定两个要连接的区域，左边选择"KRC 输入/输出端"选项卡，右边选择"现场总线"选项卡，以数字量为例，先配置数字输入信号，选择"数字输入端"，如图 5-28 所示。

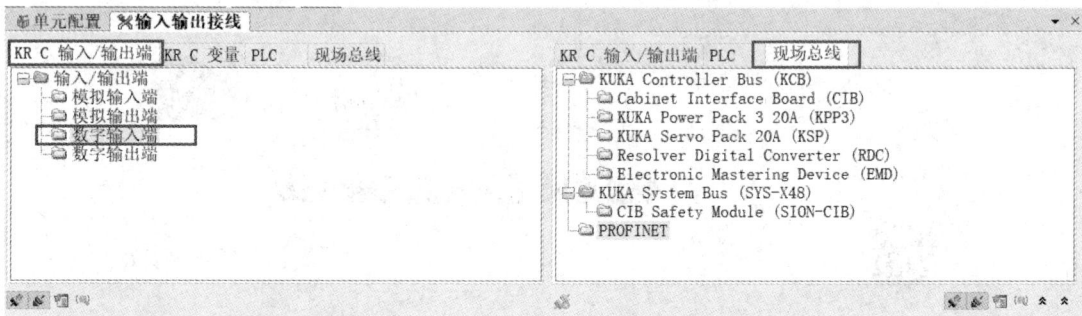

图 5-28　数字输入端选择

(4) 根据实际需要配置输入信号。以 PGNO Bit0 开关为例，配置总线，在左边选择$IN[1]信号，右边选择想要关联的现场总线 02:01:0001 地址，右键单击连接，这样 PGNO Bit0 开关的输入信号就配置好了，显示已连接信号显示窗口(灰色区域)，如图 5-29 所示。

(5) 将所有输入/输出量参照步骤(3)、(4)进行设置，全部设置完成即可。

图 5-29 数字输入信号总线配置

经过以上环节，新工程项目创建完成，保存项目，接下来将工程安装传输到机器人控制柜中。

5.3.2 安装工程项目

1. 计算机设置与控制柜连接

工程项目的安装需要计算机与控制柜连接，其中包括硬件连接和软件设置。首先将计算机的本地连接当中的 TCP/IPv4 设置为自动获取 IP，如图 5-30 所示。计算机和控制柜利用网线进行连接，可以将计算机的网线插在控制柜面板的 A 处，或者连接到控制柜 CCU 主板 X41(16)端口处，如图 5-31 所示。

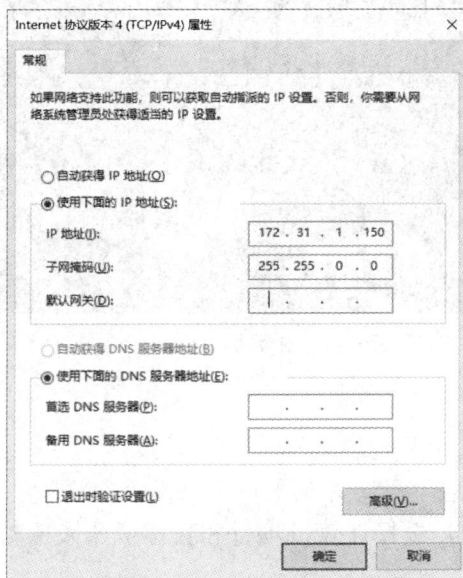

图 5-30 计算机 IP 配置

图 5-31　计算机与控制柜连接

2. 项目安装与传输

项目安装与传输步骤如下：

(1) 打开完成的工程项目文件，在菜单栏中单击"安装"。

(2) 打开项目传输窗口，选择计算机项目和目标机器人控制柜，单击"继续"开始安装，如图 5-32 所示。

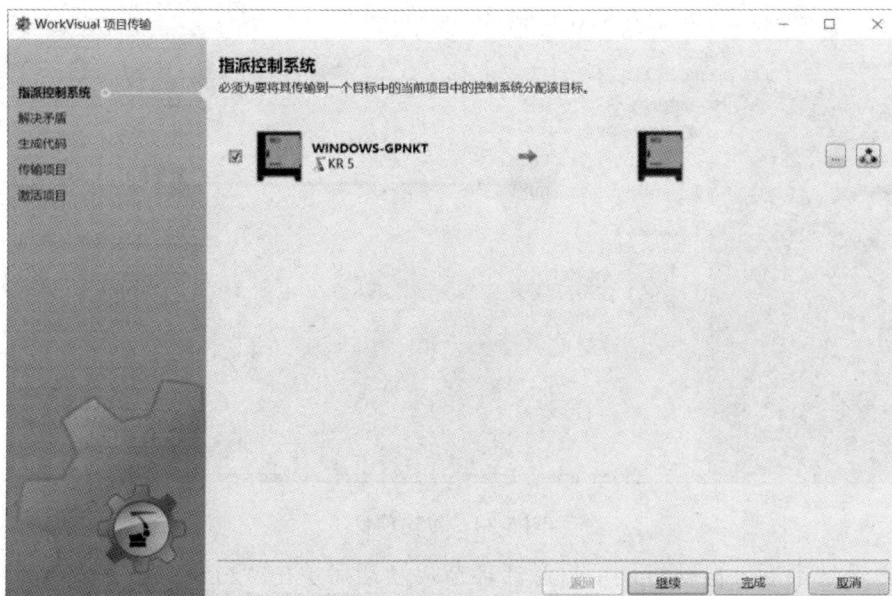

图 5-32　指派控制系统

(3) 项目匹配无误后，自动进入生成代码环节，如图 5-33 所示。

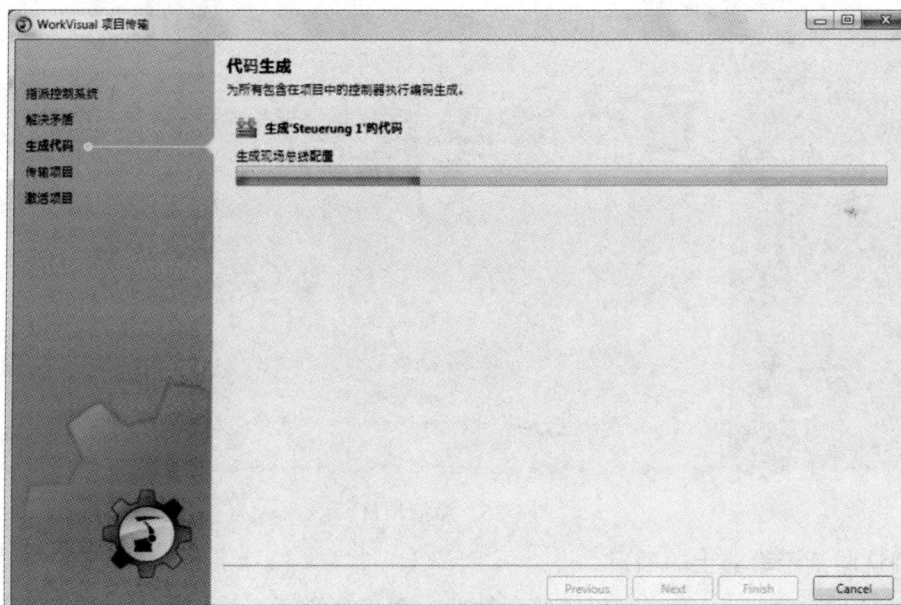

图 5-33　生成代码

(4) 代码生成后，自动进入项目传输环节，如图 5-34 所示。

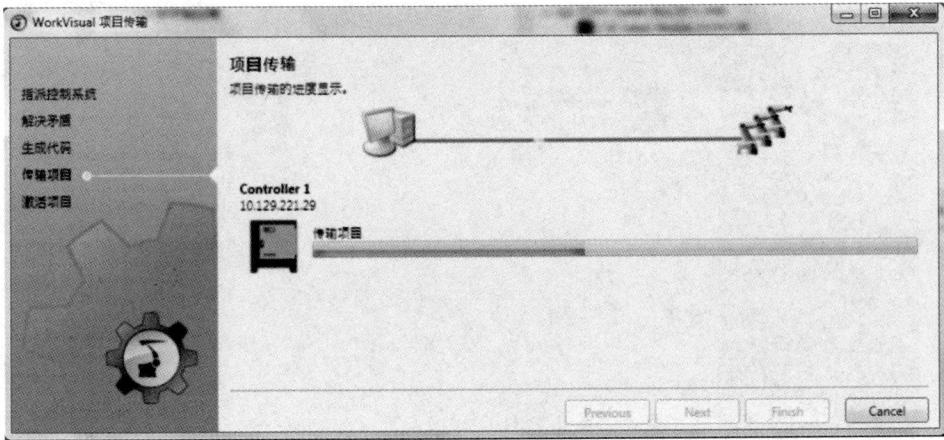

图 5-34　传输项目

(5) 传输结束后，自动进入项目激活环节，激活后单击"Finish"，完成项目传输，如图 5-35 所示。

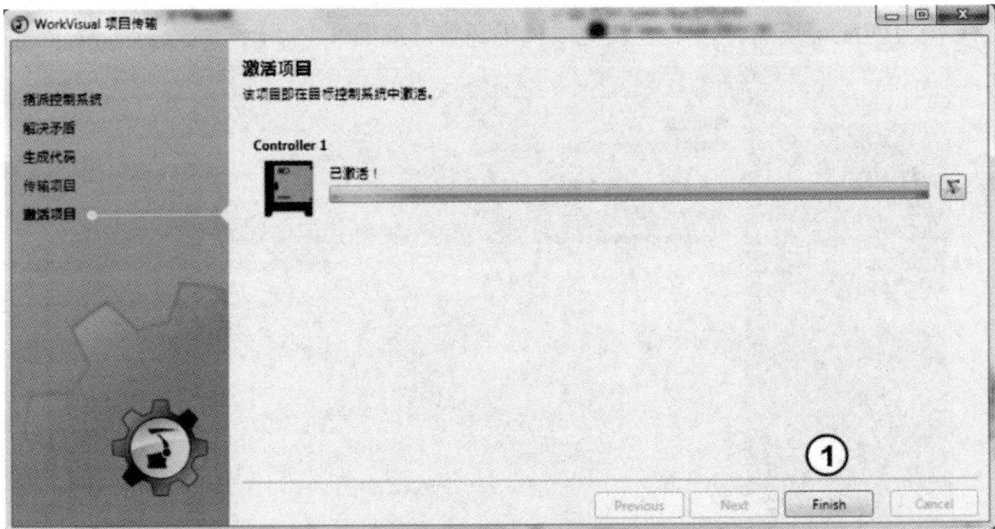

图 5-35　激活项目

3. 确认激活示教器上的项目

项目传输完成之后，需要在现场的示教器上面确认激活，确认更改设置和故障排除，具体操作步骤如下：

(1) 示教器上会出现如图 5-36 所示的对话框，单击"是"按钮，确认激活。

图 5-36　示教器确认项目激活

(2) 在项目管理中单击"是"按钮确认更改信息，如图 5-37 所示。

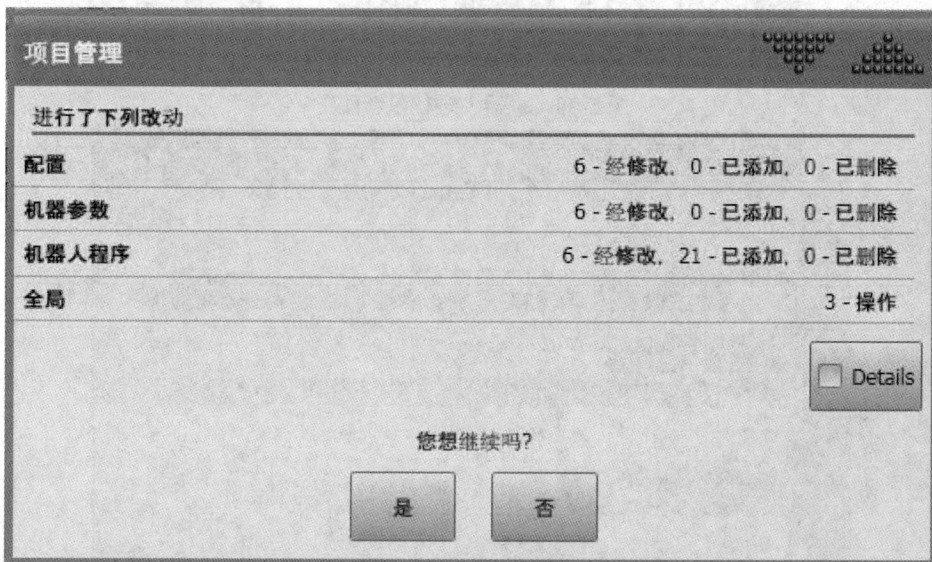

图 5-37　确认更改信息

(3) 机器人进入自动配置环节，如图 5-38 所示。

(4) 将机器人用户调成安全调试员模式，打开故障排除助手，操作路径为 KUKA 菜单键→配置→安全配置，如图 5-39 所示。

(5) 打开故障排除助手之后，如果没有故障显示，则单击"现在激活"按钮，完成工程项目安装，如图 5-40 所示。

重新启动机器人控制系统，完成项目任务。

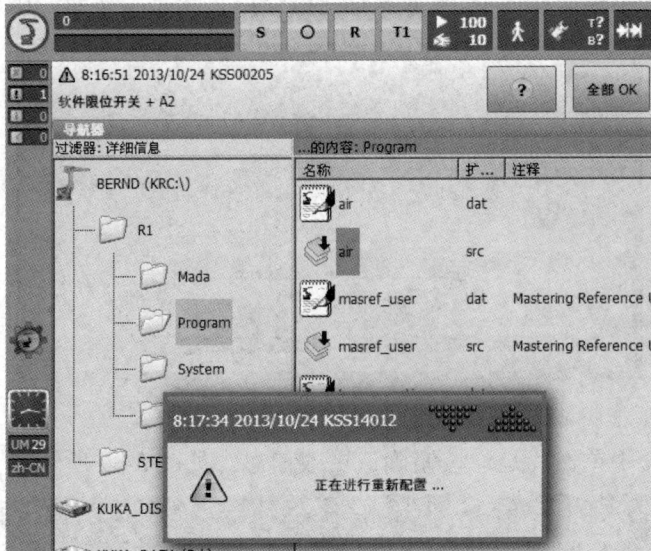

图 5-38 机器人进行重新配置

图 5-39 安全配置

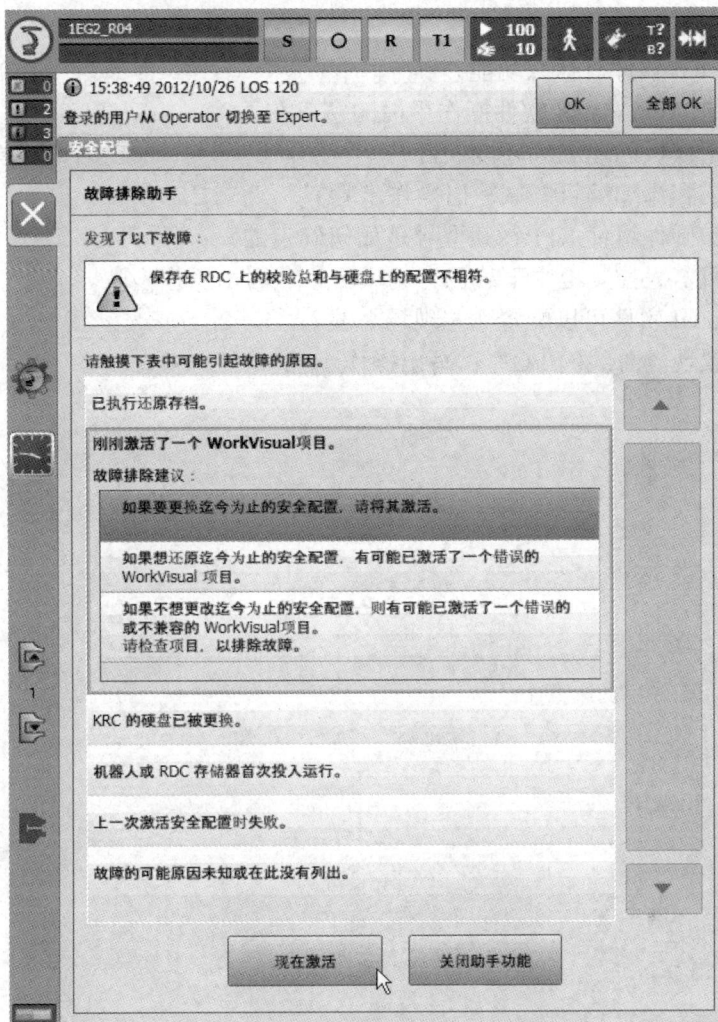

图 5-40　故障排除助手

5.4　拓展与习题

1. 拓展项目

实训车间有一台 KUKA 机器人要进行升级，安装一块 Safety Interface Board(安全接口板)，硬件安装完成后，利用 WorkVisual 软件完成配置的更新。

2. 习题

(1) WorkVisual 软件有什么功能?

(2) 如何还原 WorkVisual 软件操作界面的窗口布局?

(3) 如何利用模板创建工程环境项目?

(4) 如何扫描和添加编目? 试写出操作步骤。

(5) 如何添加硬件组件 KPP? 其型号是如何确定的?

(6) 如何从机器人控制柜中下载已有的项目? 试写出操作步骤。

(7) WorkVisual 软件可以配置哪些现场总线?

(8) 如何配置现场总线的 I/O? 试写出操作步骤。

项目六　机器人控制柜组件的定期保养

学习目标

(1) 了解设备管理方法；

(2) 熟悉设备日常维护方法；

(3) 掌握机器人控制柜保养内容及其方法。

6.1　项目任务

对 KUKA 机器人进行计算机风扇保养工作，写出保养步骤，并实施。

6.2　相关知识点学习

机器人是典型的机电一体化产品，对其进行保养需要机械、气动、计算机、电气、自动控制等方面的技术知识。机器人的常规保养是保证机器人正常运行必不可少的重要环节，必须认真做好。

机器人的使用需要按照设备使用规则进行，并按照设备管理的要求，有计划地进行保养工作。在保养时，应使用合适的工具、采用正确的方法进行。

通过对机器人控制柜进行保养，可以使控制柜保持良好的运行状态，有效提高各元器件的使用寿命。

6.2.1　设备编号

在现代化企业中，应对设备进行编号，以便进行科学管理。编号的方法应力求科学、直观、简便，便于统一管理，并减少文字说明以提高工作效率。

1. 设备编号的基本形式

设备编号的基本形式为：□□××××。该编号中，第一组是一个或几个英文字母或拼音字母，代表不同类别的设备；第二组是数字，其中第一位数字代表装置(或车间)，第二位数字代表工号(或工段)，后两位数代表设备位号。企业可根据情况自行编制代号表示。

例如，有一家企业要给其第一车间第二工段的 15 台机器人编写编号，即可使用上述编号方法，如图 6-1 所示。

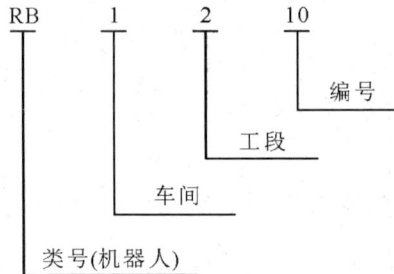

图 6-1　机器人编号形式

2. 设备编号中应遵循的原则

设备编号必须遵循以下原则：

(1) 每一个设备编号只代表一台设备。在一个企业中，不允许有两台设备采用一个编号。

(2) 编号要明确反映设备类型。

(3) 能明确反映设备所属装置及所在位置。

(4) 编号应尽量精简，数字位数与符号应尽量简单而少。

6.2.2　机器人使用规则

要规范机器人使用与维护，需要制订机器人使用规则，使设备管理规范化。

1. 定人、定机和凭证操作制度

为了保证机器人的正常运转，提高工人的操作技术水平，必须实行定人、定机和凭证使用机器人的制度。

1) 定人、定机的规定

实行定人、定机和凭证使用机器人，不允许无证人员单独使用机器人。定机的机种型号应根据工人的技术水平和工作责任心，并经考试合格后确定。多人操作的机器人，由组长负责使用和维护工作。公用机器人应由车间领导指定专人负责维护保管。关键机器人定人定机名单应经设备部门审核报厂部批准后签发。对能熟练掌握多种机器人操作的技术工人，经考试合格可签发多种机器人的操作证。

2) 操作证的签发

学徒工(或实习生)必须经过技术理论学习和一定时期的操作学习，已懂得正确使用机器人和维护保养机器人的可进行理论及操作考试，合格后由设备管理部门签发操作证，方能单独操作机器人。

2. 交接班制

在用的每台机器人均必须有交接班记录簿。交班人必须把机器人运行中发现的问题详细记录在交接班记录簿上，并主动向接班人介绍设备运行情况，双方当面检查，交接完毕后，交班人在记录簿上签字。如不能当面交接班，交班人可做好日常维护工作，使机器人处于安全状态，填好交班记录交有关负责人签字代接，接班人如发现机器人有异常现象，记录不清，情况不明或机器人未按规定维护，可拒绝接班。如果因交接不清机器人在接班后发生问题，则由接班人负责。

机器人大多数为连续生产，不允许中途停机。可在运行中交班。相关人员应及时收集交接班记录簿，从中分析机器人现状，采取措施改进维护工作。

6.2.3 日常保养

通过擦拭、清扫、润滑、调整等一般方法对机器人进行护理，以维持和保护机器人性能与技术状况，称为保养。其中包括对控制柜的保养。

1. 保养形式

保养形式一般包括日常保养、定期保养和定期检查(点检)，具体要求如下：

(1) 日常保养是机器人使用的基础工作，由操作者每日进行，保养程度比较浅。

(2) 定期保养由设备管理技术人员进行，保养程度比较深。

(3) 定期检查(点检)是一种有计划的预防性检查。检查按定期检查卡执行，定期检查又称定期点检。

对机器人的保养要有科学的管理，有计划、有目的地制定相应的规章制度。对使用过程中发现的故障隐患应及时加以清除，避免停机待修，从而延长平均无故障工作时间，增加设备的开动率。对于控制柜的维护保养的具体内容，在随机的使用和维修手册中通常都有规定。

2. 保养的要求

保养的要求主要有四项：

(1) 清洁：内外整洁，即各滑动面、齿轮箱、油孔等处无油污，各部位不漏油、不漏气，设备周围的杂物、脏物要清扫干净。

(2) 整齐：工具、附件要放置整齐，管道、线路要有条理。

(3) 润滑良好：按时加油或换油，不断油，无干摩擦现象，油标明亮，油路畅通，油质符合要求。

(4) 安全：遵守安全操作规程，安全防护装置安全可靠，及时消除不安全因素。

6.2.4　机器人控制柜的定期保养

机器人控制柜的定期保养是机器人保养的重要内容之一。机器人控制柜保养的具体内容应做明确规定，以达到企业要求。

1. 指导控制柜日常保养的规章制度

根据控制柜各个部件、各种元器件的特点，确定维护保养规程。如机器人的控制柜，需要每天清理，防止油、水等在没有防护的情况下进入有关元器件。对于伺服驱动器等，应每月检查一次，防止灰尘进入驱动单元。

2. 保养的主要内容

保养需要在以下几个方面进行：

(1) 定期检查伺服驱动的散热通风系统，防止伺服驱动过热。应经常检查伺服驱动上各冷却风扇工作是否正常。应视车间环境状况，每半年或一个季度检查、清扫一次。

(2) 由于环境温度过高，造成控制柜内温度超过 55℃ 以上时，应及时加装空调装置。

(3) 重视电网电压。控制系统允许的电压范围通常为额定值的+10%～15%，如果超出此范围，可能使控制系统不能稳定工作，严重时会造成重要电子部件损坏。对于电网质量比较恶劣的地区，应配置专用的交流稳压电源装置，这将使故障率有比较明显的降低。

(4) 防止尘埃进入控制柜。应尽量少开控制柜门，以免空气中飘浮的灰尘和金属粉末落在印制电路板和电器接插件上，造成元件间绝缘电阻下降，从而造成故障甚至元件损坏。机器人的控制系统安置在强电柜中，强电柜门密封不严甚至打开是使电器元件损坏、控制失灵的一个原因。对一些已受外部尘埃、油雾污染的电路板和接插件，可采用专用电子清洁剂喷洗。

(5) 控制系统用电池定期检查和更换。控制系统存储参数用的存储器采用 CMOS 器件，其存储的内容在控制系统断电期间由电池供电保持，一般采用锂电池或可充电的镍镉电池。当电池电压下降至一定值时会造成参数丢失。因此，需要定期检查电池电压，当该电压下降至限定值或出现电池电压报警时，应及时更换电池。在一般情况下，即使电池电压没有明显下降，也应每年更换一次，以确保系统能正常工作。更换电池时，要在取下电池后马上进行，这样才不会造成存储数丢失。一旦参数丢失，在调换新电池后，可重新输入参数。

(6) 备用印制电路板的定期通电。对于已经购置的备用印制电路板，应定期装到系统上通电运行。实践证明，印制电路板长期不用时易出故障。

3. 定期保养规程

保养工作需要在保养规程的指导下进行。保养规程的内容包括保养周期、保养部位、保养流程、保养日志和安全事项等。

6.2.5　控制柜保养规程

KUKA 机器人控制柜的保养规程可根据使用的具体情况，由设备管理技术人员确定，也可以参照机器人保养手册的信息窗口查看。

经过一个规定的固定周期之后，机器人将通过信息提示窗口显示出要执行的保养工作，发出保养要求，此要求可供保养人员参考。

KR C4 KUKA 软件上提供了一项"保养手册"的联机功能，借此能够以电子形式记录保养工作情况。

KUKA 机器人保养位置如图 6-2 所示。

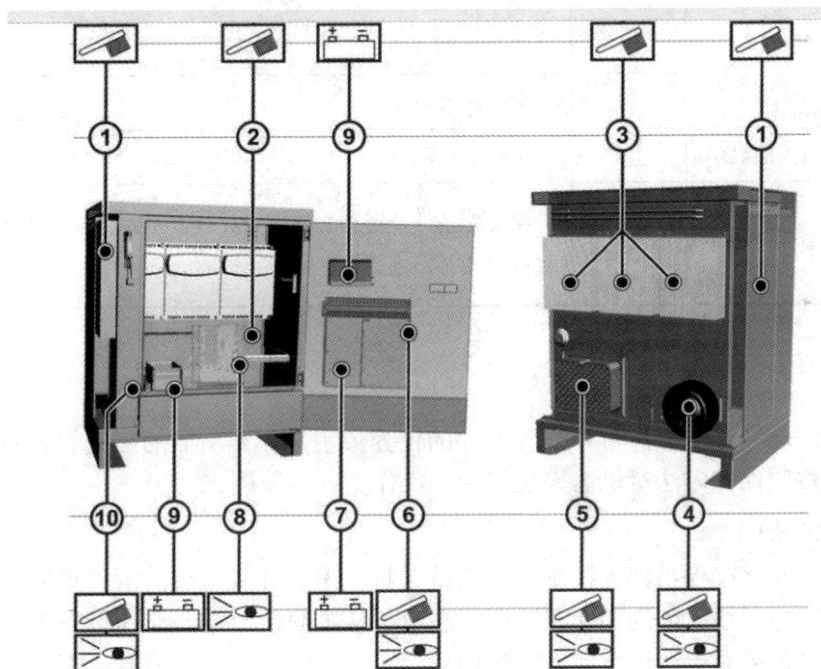

图 6-2　KUKA 机器人保养位置

机器人控制柜保养规程如表 6-1 所示。

表 6-1 机器人控制柜保养规程

维护周期	部位	保 养 方 法
每月	⑧	检查使用的 SIB 和 SIB 扩展型继电器输出端功能是否正常
	—	检查操作人员防护装置和外部紧急停止装置的工作是否正常
每季度	④	根据装配条件和污染程度，用刷子清洁外部风扇的保护栅栏
每半年	①	根据装配条件和污染程度，用刷子清洁换热器
	③	根据装配条件和污染程度，用刷子清洁散热器 KPP 和 KSP
	④	根据装配条件和污染程度，用刷子清洁外部风扇
	⑤	根据装配条件和污染程度，用刷子清洁散热器低压电源部件
2 年	⑦	更换主板电池
2 年(三班运行情况下)	⑥	更换控制系统 PC 的风扇
	④	更换外部风扇
	⑩	更换内部风扇
根据蓄电池监控的显示	⑨	更换蓄电池
均压塞变色时	②	视装配条件及污染程度而定。检查压力平衡塞外观，白色滤芯颜色改变时必须更换

6.2.6 保养方法

保养方法包括保养注意事项、各部件的保养流程、保养所需的工具和耗材等，操作人员必须严格按照保养方法对机器人进行保养操作。

1. 安全防护

保养时，必须确保机器人控制系统保持关机状态，并具有可防意外重启的保护措施。同时确保断开电源线。因为即使在关机状态下，从电源接口 K1 至主开关的线路也带电，在接触导线时此电源电压可造成人员受伤。

2. 清洁工作

清洁工作的部位有：热交换器、计算机风扇、KPP 和 KSP、外部风扇溶解冷却片和风扇片上的脏污。

3. 清洁工具与介质

清洁工作使用的工具为软刷，必要时使用清洁剂。清洁时的注意事项如下：

(1) 如使用清洁剂，应注意遵守清洁剂生产厂家的使用说明，并且防止清洁剂渗入电气部件内。

(2) 不允许使用压缩空气进行清洁，也不允许用水喷射。

4. 清洁工作流程

清洁工作的具体步骤如下：

(1) 使积聚的灰尘松散一些，然后吸走。

(2) 用浸有柔性清洁剂的抹布清洁机器人控制系统。

(3) 用不含溶解剂的清洁剂清洁线缆、塑料部件和软管。

(4) 更换已损坏或看不清楚的文字说明和铭牌，补充缺失的说明和铭牌。

6.2.7　机器人保养信息的获取与记录

KUKA 机器人内部储存了相关电器柜保养的提示信息，可供设备管理人员参考。

1. 机器人保养信息获取方法

KUKA 机器人可通过以下几种方法获取保养的信息。

(1) 机器人经过一个保养周期之后，会自动通过信息提示窗在 SmartPAD 上显示出要执行的保养工作，保养工作保养要求信息提示界面如图 6-3 所示。

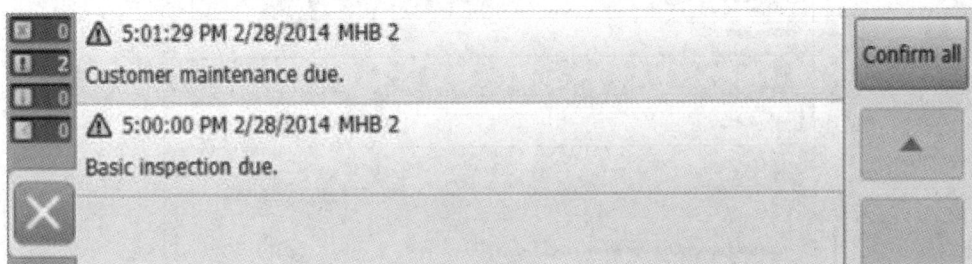

图 6-3　保养要求信息提示界面

(2) 通过 CSP 控制器系统面板的 LED 指示灯显示出待执行的保养工作。控制器系统面板上有 LED 指示灯。第二显示行中的第一个红色 LED 指示灯⑨将有节奏地闪烁，直到相应的保养工作记录在保养手册中之后，该信息以及闪烁的 LED 指示灯方才复位。CSP 的 LED 和插头排布如图 6-4 所示。

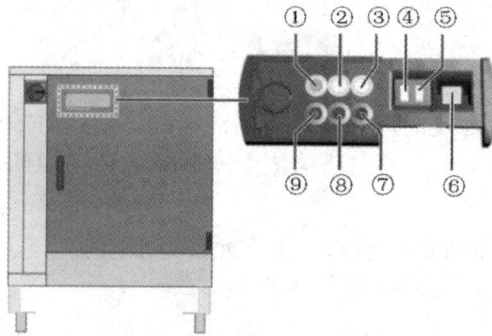

图 6-4　CSP 的 LED 和插头排布

2. 保养信息获取流程

保养信息的获取、填写、保存的具体操作流程和内容如下：

(1) 输入专家用户组权限。菜单路径为：KUKA 键→配置→用户组→专家。

(2) 打开保养手册。具体操作过程为：KUKA 键→投入运行→服务→保养手册。

(3) 填写保养手册。保养手册的填写界面如图 6-5 所示，具体流程如下：

第一步，打开保养选项卡输入①。

第二步，在下拉菜单窗口中选择保养类型②，有基本检修、机器人腕部保养、基轴保养、齿轮箱间隙测量、小规模电气保养、大规模电气保养、用备用硬盘进行数据备份等项目可选。

图 6-5　保养手册

第三步，填写执行者或公司③。

第四步，若有订单号可填入④中。

第五步，在窗口⑤中填写与保养相关的备注(可不填)。

第六步，单击⑥保存输入的保养内容。

(4) 查看保养条目。需要保养的内容可在保养条目里查看。查看时，切换到保养总览选项卡，保养条目将以表格形式列在保养总览窗口中，如图6-6所示。

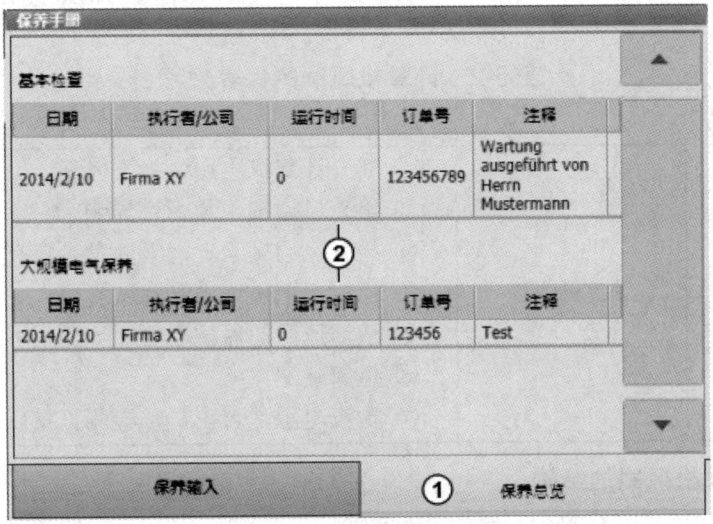

图6-6 保养条目

6.3 项 目 实 施

计算机风扇用于冷却计算机组件，并辅助冷却控制柜内部空间。在计算机风扇前装配了一个进风口，它通过独立的冷却通道为空气循环供气。为确保最佳的空气循环，一般情况下控制柜门处于关闭状态。

计算机风扇位于控制柜内计算机的侧面，如图 6-7所示。

图6-7 计算机风扇位置

6.3.1　准备工作

进行计算机风扇保养工作，除了准备必要的工具和辅助材料以外，需要在明确实施步骤与方法的情况下进行。

1. 明确计算机风扇保养规程

根据机器人电气柜的使用频率、使用环境等，制订计算机风扇的保养规程，如表 6-2 所示。

表 6-2　计算机风扇的保养规程

维护周期	部　位	保 养 方 法
每季度	计算机侧面	① 断开计算机电源，拆下风扇 ② 检查风扇轴承是否有异响 ③ 检查风扇轴承上润滑油是否还有 ④ 用刷子清理风扇叶片灰尘 ⑤ 清洁风扇的保护栅栏 ⑥ 重新装配 ⑦ 检查电源是否正常，检测正常后，开机测试

2. 熟悉计算机风扇的结构

根据安装要求，计算机风扇由安装栓塞①、开口铆钉②、风扇名牌③、风扇网栅④、线缆等组成。风扇网栅通过开口铆钉与风扇本体连接，如图 6-8 所示。

图 6-8　风扇结构

3. 牢记安全事项

对电气柜的保养，必须十分重视以下安全事项：

(1) 电气柜内温度。为确保最佳的空气循环，必须始终关闭控制柜门。在柜门打开时，内部温度可能大幅度上升，可能会引起手部及眼睛的伤害。

(2) 高压电。在打开控制柜前，必须断开电源线。仅仅关闭控制柜侧面的电源开关，不能确定电控柜内是否仍然存在高压电。

(3) 按照电工的操作要求，正确穿戴服装与鞋帽等。

6.3.2 拆卸、清洁与装配

在准备工作充分的情况下，进行计算机风扇的保养实施。

1. 拆卸步骤

拆卸风扇按照以下步骤进行。各元件及其位置如图 6-9 及表 6-3 所示。

(1) 拆下控制系统 PC 机壳盖板。控制系统 PC 与风扇安装于机壳内部，拧松机壳盖板上的螺钉(但不要拧下)，将盖板取出。

(2) 拔出风扇电源插头。拆卸风扇之前一定要先拔掉风扇电源线，因为风扇电源线插在主板的位置比较隐蔽且线缆直径较小，操作者常常忘记将风扇电源插头拔出，拆卸风扇时导致电源线损坏。操作时，松开并拔出风扇电源插头①(在旧型号的计算机上，有一个用于风扇的独立插头)。

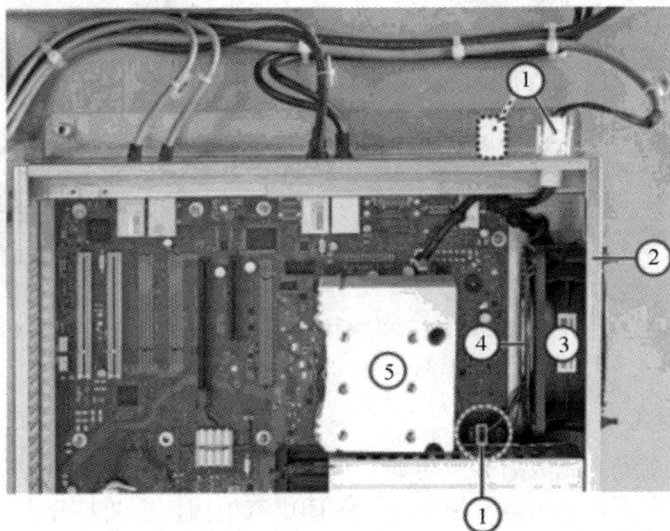

图 6-9 拆卸风扇

表 6-3 风扇拆卸元件

序 号	名 称	序 号	名 称
①	风扇电源插头	④	网栅
②	控制系统 PC 外壳	⑤	CPU 冷却体
③	风扇		

(3) 将风扇朝装配栓塞的里侧拉出。

(4) 将开口铆钉拔出，再将网栅取出。

(5) 清洁风扇。用刷子清洁风扇的保护栅栏，将堆积在风扇上的灰尘扫除。

(6) 装配风扇。清洁后的风扇按照以下安装步骤进行安装，各元件的装配位置如图 6-10 所示，具体安装步骤如下：

① 将网栅装入清洁后的风扇有铭牌的一侧上，然后用开口铆钉固紧(此步骤不可遗忘，在风扇装配后，发现网栅还未装入的情况时常发生，按照步骤进行，可避免重新拆卸风扇)。

② 将装配栓塞装入风扇。

③ 将风扇装入计算机机壳，并将装配栓塞穿过计算机机壳。

④ 插上风扇电源插头。

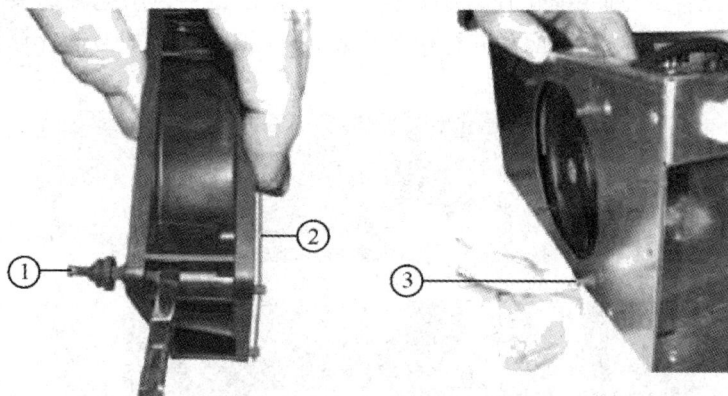

①—风扇上的安装栓塞；②—网栅；③—PC 外壳上的安装栓塞

图 6-10 风扇装配

2. 执行功能测试

将清洁后的风扇安装完成后接上电源，打开电气柜电源开关，观察风扇运行情况。在风扇运转正常的情况下，关闭电气柜电源，关闭电气柜门，重新打开电气柜电源开关。

通过以上步骤，就完成了计算机风扇的定期维护工作。

6.4　拓展与习题

1. 拓展项目

1) 更换主板电池

控制设备计算机主板上的电池只允许在 KUKA 维修服务部同意的条件下，由得到授权的保养维修人员进行更换。主板电池更换方法如下：

(1) 关断 KR C4 控制系统并锁定以防重新启动。

(2) 打开计算机机盖。

(3) 小心解开卡箍，然后将电池取出。主板电池位置(图中画圈处)如图 6-11 所示。

(4) 换上新的主板电池。

(5) 将卡箍重新锁紧。

(6) 接通控制系统并通过 USB 键盘检查 BIOS(基本输入/输出系统)的时钟和启动顺序的设置情况。

(7) 实施功能测试。

图 6-11　更换主板电池

2) 更换均压塞

均压塞安装于压力平衡封隔器上，其位置如图 6-12 所示。均压塞连接有滤芯和海绵垫圈，更换均压塞的操作步骤如下：

(1) 拆出海绵垫圈。

(2) 更换滤芯。

(3) 放入海绵垫圈并调整，直到它与均压塞完全齐平。

①—均压塞；②—滤芯；③—海绵垫圈

图 6-12　均压塞位置

2. 习题

(1) 机器人保养的方法有哪些？

(2) 对机器人实施保养时，为防止造成人员触电事故的发生，需要进行的工作有哪些？

(3) 清洁工作的工作内容有哪些方面？

(4) 更换主板电池前，需要向谁进行申请？进行电池更换工作的人员需具有什么资质？

(5) 更换均压塞的步骤有哪几步？

(6) 从 KUKA 机器人上获取其保养要求信息的方法有哪几种？

附　　录

附录 A　KPP 和 KSP 故障信息

故障编号	故　障	原　因	补　救　措　施
26030	设备状态：OK	—	—
26031	内部故障 KPP/KSP(轴)	设备识别出一个内部错误	• 重新初始化驱动总线 Power Off/Power On(接通/关闭) • 检查 KPP(见 LED)
26032	过载故障 IXT KPP/KSP(轴)	轴过载 平均电流持续过高 功能超限 负载过高	• 投入运行时，由于程序编写不合理导致轴负载过高 • 重新初始化驱动总线 Power Off/Power On(接通/关闭) • 在运行过程中检查机器及检查温度数据 • 检查轴和电流的测量记录 • 调整程控速度 • 检查 GWA 压力 • 检查传动装置
26033	KPP/KSP 接地(轴)	电力部件过电流(接地)	• 检查电机线缆 • 检查电机 • 重新初始化驱动总线 Power Off/Power On(接通/关闭) • 检查 KSP • 检查 KPP

续表一

故障编号	故　障	原　因	补救措施
26034	KPP/KSP过电流(轴)	出现了导致短时超过KPP最大电流的的过电流的故障(短路等故障)	· 检查轴和电流的测量记录 · 检查电机 · 检查电机线缆 · 重新初始化驱动总线Power Off/Power On(接通/关闭) · 检查KSP · 检查KPP
26035	KPP/KSP中间回路电压过高(轴)	运行过程中中间回路超压	· 检查中间回路测量记录 · 检查电源电压 · 检查镇流开关 · 制动时负载过高，降低负载后调试 · 重新初始化驱动总线Power Off/Power On(接通/关闭) · 检查KSP · 检查KPP
26036	KPP/KSP中间回路电压过低(轴)	运行过程中中间回路欠压	· 检查中间回路测量记录 · 检查电源电压 · 检查中间回路配线 · 重新初始化驱动总线Power Off/Power On(接通/关闭) · 检查KSP · 检查KPP
26037	KPP/KSP逻辑电路电源电压过高(轴)	27 V供电过压	· 检查27 V供电 · 检查27 V供电电源 · 重新初始化驱动总线Power Off/Power On(接通/关闭) · 检查KSP · 检查KPP

故障编号	故　障	原　因	补救措施
26038	KPP/KSP 逻辑电路电源电压过低(轴)	27 V 供电欠压	• 检查 27 V 供电 • 检查 27 V 供电电源 • 检查蓄电池 • 重新初始化驱动总线 Power Off/Power On(接通/关闭) • 检查 KSP • 检查 KPP
26039	KPP/KSP 设备温度过高(轴)	超温	• 检查配电箱风扇 • 检查环境温度 • 程序中负载过高，检查负载 • 冷却循环回路脏污，检查确认后清洁 • 检查 PC 风扇 • 重新初始化驱动总线 Power Off/Power On(接通/关闭) • 检查 KSP • 检查 KPP
26040	KPP/KSP 散热器温度过高(轴)	冷却装置温度过高	• 检查配电箱风扇 • 检查环境温度 • 程序中负载过高，检查并降低负载 • 冷却循环回路脏污，检查确认后清洁 • 检查置放地点、排风孔和间距 • 重新初始化驱动总线 Power Off/Power On(接通/关闭) • 检查 KSP • 检查 KPP
26041	KPP/KSP 电机相位缺失(轴)	电机相位缺失	• 检查电机线缆 • 检查电机 • 重新初始化驱动总线 PowerOff/Power On (接通/关闭) • 检查 KSP

续表三

故障编号	故　障	原　因	补　救　措　施
26042	KPP/KSP 通信错误(轴)	控制器总线上的通信错误	• 重新初始化驱动总线 PowerOff/Power On(接通/关闭) • 检查 EtherCAT 配线 • 检查 EtherCATStack • 检查 CCU • 检查 KPP • 检查 KSP
26043	KPP/KSP 收到未知的状态旗标(轴)	EtherCATMaster 软件故障	—
26044	KPP/KSP 设备状态未知(轴)	—	—
26045	KPP/KSP 硬件故障(轴)	设备识别出一个内部硬件错误	• 重新初始化驱动总线 PowerOff/Power On(接通/关闭) • 检查设备(见 LED) • 更换设备
26046	KPP/KSP 电源相位缺失(轴)	电源相位缺失	• 检查引线 • 检查 KPP 配线 • 重新初始化驱动总线 PowerOff/Power On(接通/关闭) • 检查 KPP
26047	KPP/KSP 供电电源故障(轴)	电源电压低于 300 V 故障	• 检查引线 • 检查 KPP 配线 • 重新初始化驱动总线 PowerOff/Power On(接通/关闭) • 检查 KPP

故障编号	故　障	原　因	补救措施
26048	KPP/KSP 充电时过压(轴)	—	• 电源电压过高 • 所连接的电容器过少(模块过少) • 重新初始化驱动总线 PowerOff/Power On(接通/关闭) • 检查 KPP
26050	KPP/KSP 制动电阻出错(轴)	KPP 在镇流电路中识别出一个故障	• 检查镇流电阻 • 检查 KPP 配线和镇流电阻 • 重新初始化驱动总线 PowerOff/Power On(接通/关闭) • 检查 KPP
26051	KPP/KSP 镇流电路过载(轴)	制动力持续过高	• 减轻过于频繁被制动的重物 • 检查镇流电阻 • 检查 KPP 配线和镇流电阻 • 重新初始化驱动总线 PowerOff/Power On(接通/关闭) • 检查 KPP
26030	KPP/KSP 载入中间回路失败(轴)	—	• 检查中间回路配线 • 重新初始化驱动总线 PowerOff/Power On(接通/关闭) • 检查 KSP • 检查 KPP
26032	KPP/KSP 制动器综合故障(轴)	制动器线缆监控装置报告短路、过载(过电流)或中断(没有连接制动器)	• 检查所有轴的制动电压 • 检查电机/制动器(测量) • 检查制动器线缆/电机线缆 • 重新初始化驱总线 PowerOff/PowerOn(接通/关闭) • 检查 KSP

附录 B　KPP 和 KSP 警告提示

故障编号	警　告	原　因	补 救 措 施
26105	KPP/KSP 接地(轴)	电力部件过电流(接地)	• 检查电机线缆 • 检查电机 • 重新初始化驱动总线 PowerOff/ Power On(接通/关闭) • 检查 KSP • 检查 KPP
26106	KPP/KSP 过电流(轴)	出现了导致短时超过 KPP 最大电流的过电流的故障(短路等故障)	• 检查轴和电流的测量记录 • 检查电机 • 检查电机线缆 • 重新初始化驱动总线 PowerOff/Power On(接通/关闭) • 检查 KSP • 检查 KPP
26107	KPP/KSP 中间回路电压过高(轴)	运行过程中中间回路超压	• 检查中间回路测量记录 • 检查电源电压 • 检查镇流开关 • 制动时负载过高,降低负载后调试 • 重新初始化驱动总线 PowerOff/Power On(接通/关闭) • 检查 KSP • 检查 KPP
26108	KPP/KSP 中间回路电压过低(轴)	运行过程中中间回路欠压	• 检查中间回路测量记录 • 检查电源电压 • 检查中间回路配线 • 重新初始化驱动总线 PowerOff/Power On(接通/关闭) • 检查 KSP • 检查 KPP 充电电路

故障编号	警　告	原　因	补救措施
26109	KPP/KSP 逻辑电路电源电压过高(轴)	27 V 供电过压	• 检查 27 V 供电 • 检查 27 V 供电电源 • 重新初始化驱动总线 PowerOff/Power On(接通/关闭) • 检查 KSP • 检查 KPP
26110	KPP/KSP 逻辑电路电源电压过低(轴)	27 V 供电欠压	• 检查 27 V 供电 • 检查 27 V 供电电源 • 检查蓄电池 • 重新初始化驱动总线 PowerOff/Power On(接通/关闭) • 检查 KSP • 检查 KPP
26111	KPP/KSP 设备温度过高(轴)	超温	• 检查配电箱风扇 • 检查环境温度 • 程序中负载过高，检查负载 • 冷却循环回路脏污，检查确认后清洁 • 检查 PC 风扇 • 重新初始化驱动总线 PowerOff/Power On(接通/关闭) • 检查 KSP • 检查 KPP
26112	KPP/KSP 散热器温度过高(轴)	冷却装置温度过高	• 检查配电箱风扇 • 检查环境温度 • 程序中负载过高，检查并降低负载 • 冷却循环回路脏污，检查确认后清洁 • 检查置放地点、排风孔和间距 • 重新初始化驱动总线 PowerOff/Power On(接通/关闭) • 检查 KSP • 检查 KPP

续表二

故障编号	警　告	原　因	补　救　措　施
26113	KPP/KSP 电机相位缺失(轴)	电机相位缺失	· 检查电机线缆 · 检查电机 · 重新初始化驱动总线 PowerOff/PowerOn(接通/关闭) · 检查 KSP
26114	KPP/KSP 通信错误(轴)	控制器总线上的通信错误	· 重新初始化驱动总线 PowerOff/PowerOn(接通/关闭) · 检查 EtherCAT 配线 · 检查 EtherCATStack · 检查 CCU · 检查 KPP · 检查 KSP
26115	KPP/KSP 收到未知的状态旗标(轴)	EtherCATMaster 软件故障	—
26116	KPP/KSP 设备状态未知(轴)	—	—
26117	KPP/KSP 硬件故障(轴)	设备识别出一个内部硬件错误	· 重新初始化驱动总线 PowerOff/PowerOn(接通/关闭) · 检查设备(见 LED) · 更换设备
26118	KPP/KSP 电源相位缺失(轴)	源相位缺失	· 检查引线 · 检查 KPP 配线 · 重新初始化驱动总线 PowerOff/PowerOn(接通/关闭) · 检查 KPP
26119	KPP/KSP 供电电源故障(轴)	电源电压低于 300 V 故障	· 检查引线 · 检查 KPP 配线 · 重新初始化驱动总线 PowerOff/PowerOn(接通/关闭) · 检查 KPP

续表三

故障编号	警　告	原　因	补救措施
26120	KPP/KSP 充电时过压(轴)	—	• 电源电压过高 • 所连接的电容器过少(模块过少) • 重新初始化驱动总线 PowerOff/Power On(接通/关闭) • 检查 KPP • 检查 KSP，原因不大可能在此
26122	KPP/KSP 制动电阻出错(轴)	KPP 在镇流电路中识别出一个故障	• 检查镇流电阻 • 检查 KPP 配线和镇流电阻 • 重新初始化驱动总线 PowerOff/Power On(接通/关闭) • 检查 KPP
26123	KPP/KSP 镇流电路过载(轴)	制动力持续过高	• 减轻过于频繁被制动的重物 • 检查镇流电阻 • 检查 KPP 配线和镇流电阻 • 重新初始化驱动总线 PowerOff/Power On(接通/关闭) • 检查 KPP
26131	KPP/KSP 载入中间回路失败(轴)	—	• 检查中间回路配线 • 重新初始化驱动总线 PowerOff/Power On(接通/关闭) • 检查 KSP • 检查 KPP
26133	KPP/KSP 制动器综合故障(轴)	制动器线缆监控装置报告短路、过载(过电流)或中断(没有连接制动器)	• 检查制动电压 • 检查电机/制动器(测量) • 检查制动器线缆/电机线缆 • 重新初始化驱动总线 PowerOff/Power On(接通/关闭)

附录 C　KUKA 机器人常用英文缩写

缩写	说　　明
CCU	Cabinet Control Unit(控制柜控制板)
CCUsr	Cabinet Control Unit Small Robot(小型机器人控制柜控制板)
CIB	Cabinet Interface Board(控制柜接口板)
CIBsr	Cabinet Interface Board Small Robot(小型机器人控制柜接口板)
CK	Customer Built Kinematics(客户专用运动系统)
CSP	Controler System Panel(控制系统操作面板)
KUKU Dua-NIC	KUKA 专用双工网卡
EDS	Electronic Data Storage(电子数据存储器)
EMD	Electronic Mastering Device(以前为 EMT,是指用于机器人校准的电子控制装置)
EMC	Elektro Magnetic Compatibility(电磁兼容性)
GBE	Giga Bit EtherNet
KCB	KUKA Controller Bus(KUKA 控制总线)
KEB	KUKA Exension Bus(KUKA 扩展总线)
KCP	KUKA Control Panel(手持式编程器)
KLI	KUKA Line Interface(KUKA 线路接口)
KOI	KUKA Operator Panel Interface(KUKA 操作接口)
KONI	KUKA Customer Network Interface(KUKA 客户网络接口)
KPC	KUKA Control PC(KUKA 控制系统计算机)
KPP	KUKA Power Pack(KUKA 配电箱/电源驱动模块)
KPPsr	KUKA Power Pack Small Robot(KUKA 小型机器人配电箱)
KRL	KUKA Robot Language(KUKA 机器人编程语言)
KSB	KUKA System Bus(KUKA 系统总线)
KSP	KUKA Servo Pack(KUKA 控制柜伺服驱动器)
KSPsr	KUKA Servo Pack Small Robot(KUKA 小型机器人伺服驱动器)
KSI	KUKA Service Interface(KUKA 服务接口)
KUKA.HMI	KUKA.Human Machine Interface(KUKA 人机界面)
LWL	Licht-Wellen-Leiter(光缆)

缩写	说　　明
MEMD	Micro Electronic Mastering Device(微电子控制装置)
MCFB	Motion Control Function Block(运动控制功能程序)运动性作业任务编程的程序模块
MGU	Motor Gear Unit(电机齿轮箱单元)
OPI	Operator Panel Interface(操作面板接口，即 SmartPAD 的接口)
PMB	Power Management Board(电源管理板卡)
RCD	Residual Current Device(剩余电流保护断路器)
RDC	Resolver Digital Converter(旋转变压器数字转换器)
SATA	Serial Advanced Technology Attachment(中央处理器与硬盘之间的数据总线)
SEMD	Standard Electronic Mastering Device(标准电子控制仪)
SIB	Safety Interface Board(安全接口板)
SBC	Single Brake Controll(单制动控制)
STO	Safe Torque Off(安全关闭扭矩)
SION	Safety Input Output Node(安全输入/输出节点)
USB	Universal Serial Bus(连接计算机和附加设备的总线系统)
UPS	Uninterrupted Power Supply(不间断电源)

参 考 文 献

[1]　陈伟卓，胡志刚. KUKA 工业机器人操作与编程[M]. 西安：西安电子科技大学出版社，2019.

[2]　蔡红健，巫邵波，唐向清. 工业机器人机械基础与维护[M]. 西安：西安电子科技大学出版社，2019.

[3]　宋云艳，段向军. 工业现场网络通信应用技术[M]. 北京：机械工业出版社，2016.

[4]　KUKA 机器人(上海)有限公司. KR C4 电气元件检修服务[Z]. 2015.

[5]　KUKA 机器人(上海)有限公司. WorkVisual 4.0 手册[Z]. 2015.